成长智慧丛书｜陆明主编

墨菲定律

冠诚◎编著　张振祥◎编译

MURPHY'S LAW

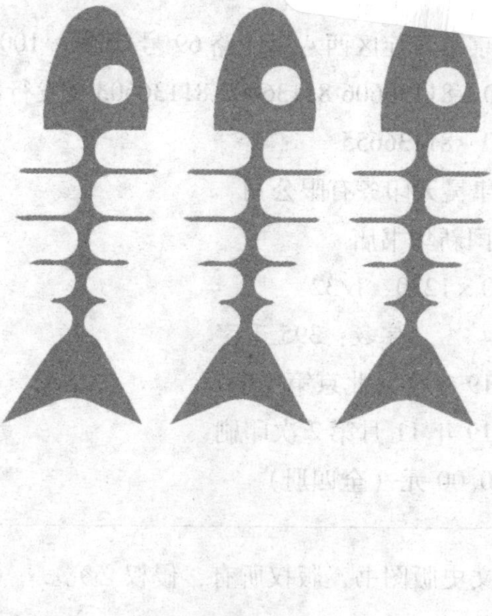

中国文史出版社

图书在版编目（CIP）数据

墨菲定律/冠诚编著；张振祥编译．—北京：中国文史出版社，2019.9（2019.11 重印）

（成长智慧丛书／陆明主编）

ISBN 978－7－5205－1342－5

Ⅰ.①墨… Ⅱ.①冠… ②张… Ⅲ.①成功心理－通俗读物 Ⅳ.①B848.4－49

中国版本图书馆 CIP 数据核字（2019）第 201753 号

责任编辑：刘　夏

封面设计：周　飞

出版发行：**中国文史出版社**

社　　址：北京市海淀区西八里庄路 69 号 邮编：100036

电　　话：010－81136606 81136602 81136603（发行部）

传　　真：010－81136655

印　　装：天津昊天印务有限公司

经　　销：全国新华书店

开　　本：880×1230　1/32

印　　张：24　　　字数：395 千字

版　　次：2019 年 9 月北京第 1 版

印　　次：2019 年 11 月第 2 次印刷

定　　价：160.00 元（全四册）

前 言

心理学家与哲学家认为，思维是人类最本质的一种资源，是一种复杂的心理过程。他们将思维定义为：人脑经过长期进化而形成的一种特有的机能，是人脑对客观事物的本质属性和事物之间内在联系的规律性所作出的概括与间接的反应。

思维控制了一个人的思想和行动，也决定了一个人的视野、事业和成就。不同的思维会产生不同的观念和态度，不同的观念和态度产生不同的行动，不同的行动产生不同的结果。做任何事情，如果缺乏良好的思维，就会自塞闭路，障碍重重，非但难以解决问题，而且还会使事情变得愈加复杂。只有具有良好的思维，才能化解生活的难题，收获理想的硕果。正确的思维是开拓成功道路的重要动力源。

人与人之间的差别，从根本上说就是思维的差异。在竞争日趋激烈、节奏日益加快的今天，每天都会出现大量的错综复杂的问题，给人们的学习、生活、工作、事业等带来压力、障碍。要迅速有效地解决这些问题，就需要有正确的思维。正确的思维是对错误滞后的思维的否定和突破，它可以帮助我们修正人生坐标，最大限度地发挥自身的潜能，高效地解决遇到的各种问题，冲破生活、事业中的人生困局，在汹涌的时代大潮中立于不败之地。许多人以为，成功是由偶然和运气造成的，其实不然，它是由人的思维决定的。人类进步在很大程度上正是由于运用那些普遍存在的高级思维定律而取得的。这些思维定律被称为“成功背后的经典”。社会中的那些具有普遍意义的思维定律，使我们的生活成功而有意义。它们旨在告诉人们如何用高级、高效的方法看待和解决问题。只有自觉地去发掘、掌握这些思维定律，才能读懂成功和平庸之间的区别，找到从平凡到成功的最为可行可靠的途径，从而跃过障碍、绕过陷阱而一步步地收获人生、成就事业！

本书广采博集，从世界顶级思维宝库中精选流传最广、影响最大、最有价值的经典思维定律、效应和法则，包括洛克定律、木桶定律、奥卡姆剃刀定律、墨菲定律、互惠定律、首因效应、视觉定律、测不准定律、羊群效应等。每个定律都是千百年来世界优秀心理学家、经济学家的思想和智慧的结晶，是经过千锤百炼、被实践反复验证的绝妙真理，也是我们不可不知、不能不懂的生存利器和成功法则。它们像一扇扇人类智慧的窗户，帮助我们看清复杂世界背后的真相，更深刻地认识人性和社会的本质，洞悉成功人生的方略，然后顺势而为，收到事半功倍之效；它们像人生道路上的一盏盏明灯，指引我们前进的方向，从而走向成功的彼岸。

目　录

第一章

成功定律

洛克定律：确定目标，专注行动

有目标才会成功

目标，是赛跑的终点线，是跳高的最高点，是篮圈，是球门，是一个人奋斗的方向。没有目标，人就会变成没头的苍蝇，盲目而不知所措。

人要有一个奋斗目标，这样活起来才有精神、有奔头。从小就为自己的人生制定一个目标，然后不断地向它靠近，终有一天你会达到这个目标。每个人出门，都会有目的地，如果不知道自己要去哪里，漫无目的地闲逛，速度就会很慢。但当你清楚自己要去的地方，你的步履就会情不自禁地加快。这就是目标的力量。

美国哈佛大学做过一项关于“目标”的跟踪调查，调查的对象是一群智力、学历和环境差不多的年轻人。调查显示，90% 的人没有目标，6% 的人有模糊目标，只有 4% 的人有非常清晰明确的目标。20 年后，研究人员回访发现，那 4% 有明确目标的人，生活、工作、事业都远远超过另外 96% 的人。更不可思议的是，4% 的人拥有的财富超过 96% 的人所拥有财富的总和。

一位哲人说过，除非你清楚自己要到哪里去，否则你永远也到不了自己想去的地方。要成为职场中的强者，首先要培养目标意识。古希腊的彼得斯说："须有人生的目标，否则精力全属浪费。"古罗马的小塞涅卡说："有些人活着没有任何目标，他们在世间行走，就像河中的一棵小草，他们不是行走，而是随波逐流。"

在这个世界上有这样一种现象，那就是"没有目标的人在为有目标的人达到目标"。因为有明确、具体的目标的人就好像有罗盘的船只一样，有明确的方向。在茫茫大海上，没有方向的船只能跟随着有方向的船走。

博恩·崔西说："成功就是目标的达成，其他都是这句话的注解。"顶尖的成功人士不是成功了才设定目标，而是设定了目标才成功。

目标是灯塔，可以指引你走向成功。有了目标，就会有动力；有了目标，就会有方向；有了目标，就会有属于自己的未来。

目标要"跳一跳，够得着"

目标不是越大越好、越高越棒，而是要根据实际情况，制定出切实可行的目标才最有效。这个目标不能太容易就能达到，也不能高到永远也碰不着，"跳一跳，够得着"最好。

这个目标既要有未来指向，又要富有挑战性。比如那篮圈，定在那个高度是有道理的，它不会让你轻易就进球，也不会让你永远也进不了球，它正好是你努努力就能进球的高度。如果把篮圈定在 1.5 米的高度，那进球还有意义吗？如果把篮圈定在 15 米的高度，还有人会去打篮球吗？所以，制定目标就像这篮圈一样，要不高不低，通过努力能达到才有效。

有个年轻人很有才能，得到美国汽车工业巨头福特的赏识。可这位年轻人的愿望是赚到1000亿美元，超过福特所有资产的100倍。福特不禁问道："你要那么多钱做什么?"年轻人说："不知道，但我觉得只有那样才算是成功。"福特意味深长地说："假如一个人果真拥有那么多钱，将会威胁整个世界。我看你还是想些切实可行的吧。"5年后，那位开始务实的年轻人再次找到福特，说他想要创办一所大学，还差10万美元，希望福特可以帮他。福特觉得可行，就决定帮助他。又过了8年，年轻人如愿以偿地创办了自己的大学——伊利诺伊大学。

千里之行始于足下，汪洋大海积于滴水。在俄国生物学家巴甫洛夫临终前，有人向他请教成功的秘诀。巴甫洛夫说："要热忱而且慢慢来。""热忱"，有持久的兴趣才能坚持到成功。"慢慢来"，不要急于求成，做力所能及的事情，然后不断提高自己；不要妄想一步登天，要为自己定一个切实可行的目标，有挑战又能达到，不断追求，走向成功。

拿破仑·希尔说过："一个人能够想到一件事并抱有信心，他就能实现它。"一个人如果有坚定明确的目标，他就能达成这一目标。

要根据实际情况，制定自己"跳一跳，够得着"的目标。首先，要对自己的实际情况有清晰的认识。对各方面条件都有明确的把握，经过仔细考虑定出属于自己的奋斗目标。有些人之所以一生都碌碌无为，是因为他们的人生没有目标；有些人之所以总是失败，是由于他们的目标总是太大太空，不切实际。因此，想要成功，就要先制定一个属于自己的"跳一跳，够得着"的奋斗目标。

瓦拉赫效应：成功，要懂得经营自己的长处

经营自己的长处，让人生增值

奥托·瓦拉赫中学时，父母为他选了文学之路。一学期下来，老师的评语是："瓦拉赫很用功，但过分拘泥，即使有着完美的品德，也绝不可能在文学上发挥出来。"无奈，他又改学油画，但这次得到的评语更令人难以接受："你是绘画艺术方面的不可造就之才。"大多数老师认为他成才无望，只有化学老师觉得他做事一丝不苟，这是做好化学实验应有的品格，建议他试学化学。瓦拉赫的智慧火花一下子被点燃了，并最终获得诺贝尔化学奖。这就是人们广为传颂的"瓦拉赫效应"。

比尔·盖茨的成功，与他把握住未来的大趋势，尤其是懂得经营自己的强项密不可分。

盖茨一开始就与伙伴保罗·艾伦看到了个人电脑将改变整个世界的趋势，他们经常通宵达旦地探讨个人电脑世界将会是什么样子，对这场革命的到来深信不疑。对于初出茅庐的微软来说，"它将到来"

是他们的坚定信念，而他们为这将要到来的计算机时代开发软件。虽然他们没想到他们的公司能迅速跻身于世界舞台的前列并发挥超凡的作用，但他们至少窥见了 IBM 或数字设备公司这样的主板生产公司已陷入自身无法意识到的困境了。

盖茨的技术知识是微软所向披靡的成功秘诀中最重要的一条，而这也正是他的核心强项，他始终保持着对这一领域的决定权。在许多时候，他比对手更清楚地看到未来科技的走势。

微软公司的同事们都盛赞盖茨的技术知识让他独具优势。他总是能提出正确的问题，他对程序的复杂细节几乎了如指掌。

和盖茨以强项打天下的套路如出一辙，微软公司把开发新产品作为全部事业的中心，根据市场需求推陈出新，发挥自身优势，力求变弱为强，深谋远虑，未雨绸缪，牢牢把握住世界信息产业市场的未来。

微软实际上类似于一个动态的人体系统。它之所以能有效运行，是因为微软人将竞争所需的各种技术能力和市场知识结合起来，并且付诸行动。微软公司今日的成功，很大程度上得益于盖茨准确的市场定位和产品的推陈出新。人们公认微软公司的成功是由于“不停地创新”，而盖茨对未来形势精确的分析和其独有的战略眼光，以及对强项的经营程度，不仅为微软公司的员工，也为其对手所称道。

这一切正是“瓦拉赫效应”的典型体现，幸运之神就是那样垂青于忠于自己长处的人。正如松下幸之助所言，人生成功的诀窍在于经营自己的长处，经营长处能使自己的人生增值。

承认缺憾，弥补缺陷

在美国某个学校的一间教室里，坐着一个 8 岁的小孩。他胆小而脆弱，脸上经常带着惊恐的表情。他呼吸时就好像别人喘气一样。

一旦被老师叫起来背诵课文或回答问题，他就会惴惴不安，而且双腿抖个不停，嘴唇也颤动不安。自然，他的回答时常含糊而不连贯。最后，他颓废地坐到座位上。像他这种小孩，自然很敏感，他们会主动回避多姿多彩的生活，不喜欢交朋友，宁愿沉默寡言。但是，这个小孩身上也有一种坚韧的奋斗精神。对他而言，正是他的缺憾增强了他奋斗的热忱。他并没有因为同伴的嘲笑而使奋斗的勇气有丝毫减弱。相反，他使经常喘气的习惯变成一种坚定的声响；他用坚强的意志，咬紧牙根使嘴唇不再颤动；他挺直腰杆使双腿不再战栗，以此来克服他与生俱来的众多的缺陷。这个小孩就是西奥多·罗斯福。

他并没有因为自己的缺憾而气馁。相反，他千方百计把它们转化为可以利用的资本，并以它们为扶梯爬到荣誉的顶峰。他用这种方法战胜自己的缺憾，这种方法是大家都可以用得上的。到他晚年时，很少有人知道他曾有过严重的缺憾，他又曾经如何惧怕它。美国人民都爱戴他，他成了美国有史以来最得人心的总统之一。

盖茨说："我们尊敬罗斯福，也希望我们能像他一样，为改变命运做些努力。如果我们尝试着去做一件还有点价值的事，假如失败了，我们便借故掩饰自己，那么我们就是在以自己的缺憾为借口了。"缺憾应当成为一种促使自己向上的激励因素，而不是一种自甘沉沦的理由。

木桶定律：抓最“长”的，不如抓最“短”的

克服人性“短板”，避开成事“暗礁”

一位老国王给两个儿子一些长短不同的木板，让他们各做一个木桶，并承诺谁做的木桶装的水多，谁就可以继承王位。大儿子为把木桶做大，每块挡板都削得很长，可做到最后一条挡板时没有木材了；小儿子则平均使用木板，做了一个并不高的木桶。结果，小儿子的木桶装的水多，最终继承了王位。

遇到类似问题时，我们若能先解决导致问题的“短板”，便可大大缩短解决问题的时间。俗话说“人无完人”，人性是存在许多弱点的。根据木桶定律，这些短处往往是限制我们能力的关键。就像木桶一样，一个木桶能装多少水，并不是用最长的木板来衡量的，而是靠最短的木板来衡量，木桶装水的容量受到最短木板的限制。要想让木桶装更多的水，必须加长最短的木板。

1. 恶习

我们时刻都在无意识地培养习惯。好的习惯可为我们效力，不好的习惯，尤其是恶习（如拖沓、酗酒等），会在做事时严重拖我们的后腿。我们要学会对习惯分类，对不好的习惯进行改正，以免将成功毁在恶习之中。

2. 自卑

自卑是一种性格缺陷，表现为对自己的能力、品质评价过低。我们本来有足够的能力完成学业或工作任务，却因怀疑自己而失败。要告诉自己“我能行”“我是最棒的”，那样才能把事情办好。

3. 犯错

人们通常把“失败是成功之母”当成至理名言。但在两种情况下犯错误就是缺陷：一是不断在同一个问题上犯错误；二是犯错频率比别人高。平时要学会控制自己，改掉不良习惯。犯错后要正视错误并加以改正。

4. 忧虑

给人们造成精神压力的并不是今天的现实，而是对昨天发生的事情的悔恨，以及对明天将要发生的事情的忧虑。忧虑不仅会影响心情，而且会给工作和学习带来更大的压力。我们要学会控制情绪，客观地看问题。

5. 妒忌

妒忌是人类最普遍、最根深蒂固的感情之一，总是令我们不能理智地、积极地做事，导致事倍功半甚至劳而无功的结果。因此，无论在生活中还是在工作中，我们都应平和、宽容地对待他人，客观地看待自己。

6. 虚荣

每个人都有虚荣心，但是过强的虚荣心，使人很容易被赞美之词迷惑，甚至不能自持，很容易被对手打败。所以，我们要控制虚荣、摆脱虚荣，正确地认识自己。

7. 贪婪

由于太看重眼前的利益，该放弃时不能放弃，结果铸成大错，甚至悔恨终生。很多人因太贪钱财而毁了大好前程，有时明知是圈套，却因为抵御不住诱惑而落入陷阱。说到底，不是人不聪明，而是败给了贪婪。

一位伟人说过："轻率和疏忽所造成的祸患将超乎人们的想象。"许多人之所以失败，往往是因为他们没有注意到成功路上的那块短板。要想做好事情，应先学会做人，找到成功路上的短板，取长补短。

找到"阿喀琉斯之踵"，让问题迎刃而解

阿喀琉斯是希腊神话中最伟大的英雄之一。他的母亲在他降生之初，为了使他长生不死，将他浸入冥河洗礼。阿喀琉斯从此刀枪不入，百毒不侵，只有一点除外——他的脚踵被女神提在手里，未能浸入冥河，脚踵就成了这位英雄的唯一弱点。

在漫长的特洛伊战争中，阿喀琉斯一直是希腊人最勇敢的将领。他所向披靡，任何敌人见了他都会望风而逃。但在10年战争快结束时，敌方将领帕里斯抓住阿喀琉斯的弱点，一箭射中他的脚踵，阿喀琉斯最终不治而亡。

与"阿喀琉斯之踵"类似，任何事情或组织都有最薄弱之处，

而问题又往往由这里产生。如果我们把这个最薄弱处解决了，问题就迎刃而解了。

有一家刚起步的电子商务公司，采购与销售是两个独立的部门，公司规定两个部门的资料每周沟通两次。由于平时业务繁忙，再加上两个部门的员工不能及时交流沟通，总是造成销售人员在认为商品有货源的情况下接受顾客的订单，但采购部并不能在短时间内找到相应货源的情况。于是，公司经常接到顾客的投诉，严重影响业绩和公司的形象。

总经理发现两个部门缺少沟通这一关键而又薄弱的环节后，为所有员工的电脑安装了及时沟通软件，让两个部门的员工能及时沟通。同时，在公司建立了库存与近期货源一览表，避免了原来有单无货的不良现象，既提高了公司业绩，又提升了公司形象。

通过这个例子可以看出，只有抓住导致问题的短板并从根本上予以解决，才能使问题迎刃而解。木桶定律让我们明白，遇到问题，不要蛮干，要找到导致问题的短板，科学地予以解决，达到事半功倍的效果。

艾森豪威尔法则：分清主次，高效成事

做事分主次，先抓“牛鼻子”

我们常常会看到这样的现象，一个人忙得团团转，可当你问他忙什么时，他却说不出来。这样的人做事没有条理性，一会儿做这一会儿做那，结果没一件事情能做好，白白浪费时间与精力。

无论在哪个行业、做什么事情，要见成效，做事过程的安排与进行次序非常关键。

有一次，苏格拉底给学生上课。他在桌上放了一个装水的罐子，然后拿出一些鹅卵石，全部放到罐子里。

苏格拉底问道：“这个罐子是满的吗？”

学生异口同声地回答：“是的。”

苏格拉底又拿出一袋碎石子，把碎石子从罐口倒下去，然后问：“这罐子现在是满的吗？”

这次，所有学生都不作声了。过了一会儿，一位学生低声回答：“也许没满。”

苏格拉底又拿出一袋沙子，慢慢倒进罐子里。倒完后，再问学生："这罐子满了吗？"

"是的！"全班同学很有信心地回答。

苏格拉底拿起一大瓶水，把水倒在罐子里。然后又问："你们从这个实验中得到什么启示？"

一位向来以聪明著称的学生抢答道："我明白，无论我们的工作多忙，行程排得多满，如果要逼一下的话，还是可以多做些事的。"

苏格拉底笑了笑，说："你的答案并不错，但我还要告诉你另一个更重要的经验：如果你不先将大的鹅卵石放进罐子里去，你也许以后永远没机会再把它们放进去了。"

这个故事告诉我们，做事前的规划非常重要。在行动之前，一定要懂得思考，把问题和工作按照性质、情况分出轻重缓急，然后巧妙地安排完成和解决的顺序，这样才能事半功倍。

这就是艾森豪威尔原则的明智之处。它告诉我们，做事前需要科学地安排，先抓住"牛鼻子"，再依照轻重缓急逐步执行，一串串、一层层地把所有的事情拎起来，条理清晰，成效才能显著。凡事都有本末、轻重，千万不能做本末倒置、轻重颠倒的事情。

艾森豪威尔原则分类法

做任何事情，只有事前厘清条理，排定具体操作的顺序，才能流畅地进行，并得到良好的效果。

在这方面，艾森豪威尔原则给出了明确的原则。这一原则将工作区分为 5 个类别：

A. 必须做的事情；

B. 应该做的事情；

C. 量力而为的事情；

D. 可委托他人去做的事情；

E. 应该删除的工作。

每天把要做的事情写在纸上，按以上 5 个类别将事情归类：

A. 需要做；

B. 应该做；

C. 做了也不会错；

D. 可以授权别人去做；

E. 可以省略不做。

然后，根据上面的归类，在大部分时间里做 A 类和 B 类的事情。即使一天不能完成所有事情，只要将最值得做的事情做完就好。

同样，把自己 1 ~ 5 年内想要做的事情列出来，然后分为 A、B、C 三类：

A. 最想做的事情；

B. 愿意做的事情；

C. 无所谓的事情。

从 A 类目标中挑出 A1、A2、A3，代表最重要、次重要、第三重要的事情。

再针对这些 A 类目标，抄在另外一张纸上，列出你想要达成这些目标需要做的工作，接着将这份清单再分出 A、B、C 等级：

A. 最想做的事情；

B. 愿意做的事情；

C. 做了也不会错的事情。

把这些工作放回原来的目标底下，重新调整结构，规划步骤，接着执行。

这些又被称为六步走方法，即挑选目标、设定优先次序、挑选工作、设定优先次序、安排行程、执行。把这些培养成每天的习惯，长期坚持并贯彻下去，将会使你拥有非常成功的人生。

要想改善现状，首先要找出问题的根源。请仔细考虑一下，到底是什么偷走了你的时间？是什么让你日复一日地感到时间的压力？想明白这些问题，拿起笔和纸，按照艾森豪威尔原则，开始规划你的每一天。

奥卡姆剃刀定律：把握关键，化繁为简

“简单”，真正的大智慧

近几年，“精兵简政”“精简机构”“删繁就简”等一系列追求简单化的观念在整个社会不断深入和普及。根据奥卡姆剃刀定律，这正是一种大智慧的体现。

有人请教马克·吐温：“演说词是长篇大论好呢，还是短小精悍好？”他没有正面回答，只讲了一件亲身感受的事：“有个礼拜天，我到教堂去，适逢一位传教士在那里用令人动容的语言讲述非洲传教士的苦难生活。当他讲了5分钟后，我决定对这件有意义的事捐助50元。他接着讲了10分钟，我就决定将捐款减到25元。当他讲了1个小时后，拿起钵子向听众请求捐款时，我已厌烦至极，1分钱也没有捐。”

在上面的例子中，马克·吐温通过自身经历，想求教者说明：短小精悍的语言，其效果事半功倍；而冗长空泛的语言，不仅于事无益，反而有碍。

不仅语言如此，现实生活亦是如此。这就要求我们学会简化，剔除不必要的生活内容。这种简化的过程，就如同冬天给植物剪枝，植物才能更好地生长。如何实现这种简化呢？很简单，就是重新审视你所做的一切事情和所拥有的一切东西，然后运用奥卡姆剃刀，舍弃不必要的生活内容。

博恩·崔西是美国著名的激励和营销大师，曾与一家大型公司合作。该公司设定一个目标：在推出新产品的第一年实现 100 万件的销售量。该公司的营销精英们开了 8 个小时的群策会后，得出几十种实现 100 万件销售量的不同方案。这时，博恩·崔西建议他们应用奥卡姆剃刀原理："为什么只想着通过这么多不同的渠道，向这么多不同的客户销售数目不等的新产品，却不选择通过一次交易向一家大公司或买主销售 100 万件新产品呢？"

整个房间鸦雀无声，有些人看着博恩·崔西的表情就像在看疯子。一名管理人员开口说话："我知道一家公司，这种产品可以成为他们送给客户的非常好的礼物或奖励，而他们有几百万客户。"

根据这一想法，他们得到一笔 100 万件产品的订单。

可见，不论你正面临什么问题，都应当思考这样一个问题："什么是解决这个问题或实现这个目标的最简单、最直接的方法？"你可能会发现一个简便的方法，为你实现同一目标节约大量的时间和金钱。记住苏格拉底的话："任何问题最可能的解决办法是步骤最少的办法。"正如奥卡姆剃刀定律所阐释的，我们不需要人为地把事情复杂化，要保持事情的简单性，才能更有效率地将事情处理好。

在现实生活中，遇到问题时，要勇敢地拿起"奥卡姆剃刀"，把复杂的事情简单化，以选择最智慧的解决方案。

剔掉复杂，切勿乱删

有位科学家带着一项研究成果请教爱因斯坦。爱因斯坦随意地看了一眼最后的结论方程式，就说：“这个结果不对，你的计算有问题。”科学家很不高兴：“你过程都不看，怎么就说结果不对？”爱因斯坦笑了：“如果是对的，那一定是简单的，是美的，因为自然界的本来面目就是这样。你这个结果太复杂了，肯定是哪里出了问题。”这个科学家将信将疑地检查自己的推导，果然发现结果不对。

当我们绞尽脑汁为一些问题烦恼时，试着摒弃那些复杂的想法，也许会立刻看到简单的解决方法。人生的任何问题，都可运用奥卡姆剃刀。奥卡姆剃刀是最公平的，谁有勇气拿起它，谁就是成功的人。

越复杂越容易拼凑，越简单就越难设计。在服装界有“简洁女王”之称的简·桑德说：“加上一个扣子或设计一套粉色的裙子是简单的，因为这一目了然。但对简约主义来说，品质需要从内部来体现。”她认为，简单不仅仅是摈除多余的、花哨的部分，避免喧嚣的色彩和烦琐的花纹，更重要的是体现清纯、质朴、毫不造作。

需要注意的是，这里所谓的“简单”不是乱砍一气，而是在对事物的规律有深刻认识握之后的去粗取精、去伪存真。我们在使用奥卡姆剃刀时，要将其用在恰当的位置上，而不是盲目乱删。

墨菲定律：与错误共生，迎接成功

不存侥幸心理，从失败中汲取教训

人类即使再聪明，也不可能把所有事情都做到完美无缺。正如所有的程序员都不敢保证自己在写程序时不会出现错误一样，容易犯错误是人类与生俱来的弱点。这也是墨菲定律一个很重要的体现。

想取得成功，不能存有侥幸心理，想方设法回避错误，而是要正视错误，从错误中汲取经验教训，让错误成为成功的垫脚石。

一次，丹麦物理学家雅各布·博尔打碎了一个花瓶，但他没有悲伤叹惋，而是精心地收集起了满地的碎片。

他把这些碎片按大小分类称出重量，结果发现 10～100 克的最少，1～10 克的稍多，0.1 克和 0.1 克以下的最多。同时，这些碎片的重量之间表现为统一的倍数关系，即较大块的重量是次大块重量的 16 倍，次大块的重量是小块重量的 16 倍，小块的重量是小碎片重量的 16 倍……

于是，他开始利用这个“碎花瓶理论”来恢复文物、陨石等不知其原貌的物体，给考古学和天体研究带来意想不到的效果。

事实上，我们主要是从尝试和失败中学习，而不是从正确中学习。发明家不仅不会被成千的错误击倒，而且会从中得到新创意。在创意萌芽阶段，错误是创造性思考必要的副产品。正如耶垂斯基所言："假如你想打中，先要有打不中的准备。"

人类社会的发明史上，就有许多利用错误假设和失败观念来产生新创意的人。哥伦布以为他发现了一条到印度的捷径，结果却发现了新大陆；开普勒发现的行星间引力的概念，是偶然间由错误的理由得到的；爱迪生是知道了上万种不能做灯丝的材料后，才找到了钨丝……

所以，想迎接成功，先放下侥幸心理，加强"冒险"力量。遇到失败，从中汲取经验，尝试寻找新的思路、新的方法。

从哪里跌倒，就从哪里爬起来

1927 年，美国阿肯色州的密西西比河大堤被洪水冲垮。在洪水即将吞噬一个 9 岁的黑人小男孩的一刹那，母亲用力把他拉上堤坡。

1932 年，男孩 8 年级毕业了。因为阿肯色的中学不招收黑人，他只能到芝加哥就读，但家里没有那么多钱。那时，母亲做出一个惊人的决定——让男孩复读一年。她给 50 名工人洗衣、熨衣和做饭，为孩子攒钱上学。

1933 年夏天，家里凑足了那笔费用。在芝加哥，母亲靠当用人谋生。男孩以优异的成绩读完中学，又顺利读完大学。

1942 年，他创办一份杂志，但缺少 500 美元的邮费，不能给客户发函。一家信贷公司愿借贷给他，但得有一笔财产作抵押。母亲曾分期付款好长时间买了一批她最心爱新家具，但她还是同意将家具作为抵押。

1943 年，那份杂志获得巨大成功。男孩终于能做梦想多年的事了——将母亲列入他的工资花名册，并告诉她，她算是退休工人，再不用工作了。母亲哭了，那个男孩也哭了。

后来，男孩经营的一切都坠入谷底。男孩感到无力回天，他心情忧郁地告诉母亲："看来这次我真要失败了。"

"儿子，"她说，"你努力试过了吗？"

"试过了。"

"非常努力吗？"

"是的。"

"很好。"母亲果断地结束了谈话，"无论何时，只要你努力尝试，就不会失败。"

果然，男孩渡过了难关，攀上了事业新的巅峰。这个男孩就是美国《黑人文摘》杂志创始人、约翰森出版公司总裁、拥有 3 家无线电台的约翰 · H. 约翰森。

事实上，得失本来就不是永恒的，是可以相互转化的矛盾共同体。有一本杂志归纳出关于失败的优胜可能：

失败并不意味着你是一位失败者——失败只是表明你尚未成功。

失败并不意味着你一事无成——失败表明你得到了经验。

失败并不意味着你是一个不具灵活性的人——失败表明你有非常坚定的信念。

失败并不意味着你要一直受到压抑——失败表明你愿意尝试。

失败并不意味着你不可能成功——失败表明你也许要改变一下

方法。

失败并不意味着你比别人差——失败只表明你还有缺点。

失败并不意味着你浪费了时间和生命——失败表明你有理由重新开始。

失败并不意味着你必须放弃——失败表明你还要继续努力。

失败并不意味着你永远无法成功——失败表明你还需要一些时间。

失败并不意味着命运对你不公——失败表明命运还有更好的给予。

那么，期待成功的你不要再被一时的失败左右了，在哪里跌倒，就从哪里爬起来！

第二章

职场法则

蘑菇定律：新人，想成蝶先破茧

职场起步，切勿过早锋芒毕露

蘑菇长在阴暗的地方，得不到阳光，也没有肥料，自生自灭，只有长到足够高时才开始被人关注。这种经历，对于成长中的职场年轻人来说，就像蛹，是化蝶前必须经历的一步。只有承受这些磨难，才能成为展翅的蝴蝶。初涉职场的新人不仅要承受住“蘑菇”阶段的历练，还要注意不能过早地锋芒毕露。

有一位图书情报专业毕业的硕士研究生被分到一家研究所，从事标准化文献的分类编目工作。他认为自己是学这个专业的，比其他人懂得多，而且刚上班时领导也以“请提意见”的态度对他。于是工作伊始，他便提出不少意见，上至单位领导的工作作风与方法，下至单位的工作程序、机制与发展规划，都一一列举现存的问题与弊端，提出周详的改进意见。对此，领导表面点头称是，其他人也不反驳。可结果呢，不但现状没有一点儿改变，他反倒成了处处惹人嫌的人，还被领导视为狂妄、骄傲之人。

一位老员工对他说："你还是换个单位吧，在这儿你把所有的人都得罪了，别想有出息。"这位研究生他发觉所有的人都在有意无意地为难他，连正常工作都没有人支持他，他只好离开了。临走时，领导拍着他的肩头说："太可惜了！我真不想让你走，我还准备培养你当我的接班人哩!"那位研究生一边玩味着"太可惜"三个字，一边苦笑着离去。

在现实社会中，与这位研究生一样的年轻人并不少见。他们处世往往不留余地，锋芒毕露，有十分的才能与聪慧，就要表露十二分。殊不知，你如果想在职场有所作为，就要先适应这些规则，待实力壮大、羽翼丰满之后，再崭露锋芒。否则，你一定会碰得头破血流，留下"壮志未酬身先死"的怨叹。

有个成语叫"大智若愚"，行走职场，一定要学会做一个"愚人"，低调做人，以不变应万变。

做"蘑菇"该做的事，以智慧突破"蘑菇"境遇

有人说过这样一番话："一个人既然已经经历'蘑菇'的痛苦，哭也好，骂也好，对克服困难毫无帮助，只能挺住，你没有资格去悲观。此时假如你不帮助自己，还有谁能帮助你呢?"

这番话说明了一个重要的道理：正因身处"蘑菇"境遇，你得比别人更加积极。想做一个好"蘑菇"很难，如果只是强调自己是"灵芝"，结果往往是"灵芝"未当成，连"蘑菇"也做不了了。

想要突破"蘑菇"的境遇，从"蘑菇堆"里脱颖而出，在最开始就要做好"蘑菇"该做的事，用智慧去突破"蘑菇"境遇。

身为新人，工作中要注意礼貌问题，建立良好的人际关系。有这

样一句话：礼貌这东西就像旅途使用的充气垫子，虽然里面什么也没有，却令人感觉舒适。

常言道："少说话，多做事。"这对新人更是适用。每个刚开始工作的年轻人都要从最简单的工作做起。如果你满腹牢骚、怨气冲天，你对待工作就会草率行事，有可能导致错误的发生，影响你在职场的发展。

时刻记住，人可以通过工作来学习，可以通过工作来获取经验、知识和信心。你对工作投入的热情越多，决心越大，工作效率就越高。当你抱有这样的热情时，上班就不再是苦差事，就会变成乐趣。

正如罗斯·金所言："只有通过工作，你才能保证精神的健康，在工作中进行思考，工作才是件愉快的事情。两者密不可分。"处于"蘑菇"阶段的年轻人，快沉下心来，以你的智慧与能力在职场破茧成蝶吧！

自信心定律：出色工作，先点亮心中的自信明灯

丢掉第六份工作引发的职场思考

李磊刚被老板辞退，这已是他毕业三年来的第六份工作了。他觉得，不自信是丢掉工作的主要原因。一周前，李磊到一家牙科诊所应聘，老板问他是什么学历，李磊谎称是本科学历。没想到上班之后，老板要他拿出学历证书。李磊只得吐露实情，结果第二天老板就以“为人不诚实”为由将他辞退了。

“一家私人诊所可能也不会太在乎学历，我毕业 3 年了，有实践经验，这对老板来说可能比学历更为重要。”李磊很后悔当初不自信，没有说实话。

职场上，自信心对于一个人很重要。要想老板看重你，首先要自己看重自己。一个人有没有自信，来源于对自己能力的认识。充满自信就意味着对自己信任、欣赏和尊重，意味着对工作胸有成竹、很有把握。

未来学家弗里德曼在《世界是平的》一书中预言："21 世纪的核心竞争力是态度。"这就告诉我们，积极的心态是个人决胜未来最为根本的心理资本，是纵横职场最核心的竞争力。

所谓积极心态，自信心当然是非常重要的一部分。失去自信的人，就是在否定自我的价值，思维很容易走向极端，并把一个在别人看来不值一提的问题放大，甚至坚定地相信这就是阻碍自己进步的唯一障碍，自然就很难有出类拔萃的成就。

美国成功学院对 1000 名世界知名成功人士进行了研究，结果表明，积极的心态决定成功的 85%！在职业生涯中，必须充满自信。自信心源自内心深处，具有让你不断超越自己的强大力量，它会让你毫无畏惧、战无不胜，使你工作起来更加积极。

自信飞扬，做职场冠军

美国思想家爱默生说："自信是煤，成功就是熊熊燃烧的烈火。"对于成功人士来说，自信心是必不可少的。无论从事什么职业，自信都能给人以勇气，使你敢于战胜工作中的困难。我们必须挑战人生，要挑战就必须以充满自信为前提。如果连自信心都没有，能做好什么事呢？

网易创始人丁磊毕业于电子科技大学，被分配到宁波市电信局。这是一份稳定的工作，但自信的他从电信局辞职，"这是我第一次开除自己。有没有勇气迈出这一步，将是人生成败的分水岭"。

因为自信，丁磊在两年内 3 次跳槽，最终决定自立门户。后来，丁磊和今日资本集团总裁徐新在广州一家狭小的办公室见面。徐新主动问他："网易在行业内的情况怎么样？"

“我们会是第一。”丁磊毫不犹豫地回答。1999 年初，网易刚向门户网站迈进，与新浪、搜狐相比，还只是刚刚崭露头角的小网站。

徐新当然知道网易不是门户网的第一，但觉得丁磊很有上进心，很有自信。他对丁磊说：“你有这么一个理想跟雄心去做行业排头兵，我决定向你投资就是看中了你的自信。”

充分的自信是创立事业、成就价值的重要素质。既然自信心如此重要，我们要怎样做才能树立自信心呢？

首先，要不断地学习，不断地提升自己。正所谓：“有了金刚钻，才敢揽瓷器活。”

其次，要有耐心和毅力。有些事情不是一朝一夕就能做好的，需要持之以恒的不懈努力。

最后，不要总想着自己的缺点，要时刻告诉自己“我是最棒的”“我是优秀的”。

青蛙法则：居安思危，让你的职场永远精彩

生于忧患，死于安乐

美国康奈尔大学做了一个实验。他们将一只青蛙扔进沸腾的大锅里，青蛙一接触到沸水，便立即触电般地跳到锅外。实验者又把这只青蛙丢进一个装满凉水的大锅，任其自由游动，然后用小火慢慢加热。随着温度慢慢升高，青蛙并没有跳出锅去，而是被活活煮死。

一个人如果丧失了忧患意识，就会像被水煮的青蛙一样，在麻木中“死亡”。在从初涉职场到工作干练的渐变过程中，我们要保持清醒的头脑和敏锐的感知，对新变化做出快速的反应。不要贪图享受，安于现状，否则你会发现自己早已错过了行动的最佳时机，等待你的只有失败。

拿破仑在谈到手下的一员大将马塞纳时曾说：“平时，他的真面目是不会显现出来的。可当他在战场上看到遍地的伤兵和尸体时，那种潜伏在他体内的‘狮性’就会在瞬间爆发，他打起仗来就会勇敢

无比。”拿破仑本人如果年轻时没有经历过窘迫而绝望的生活，也不可能造就他多谋刚毅的性格，他就不会成为至今为人们所景仰的英雄人物。

贫穷低微的出身、艰难困顿的生活、失望悲惨的境遇，不仅造就了拿破仑，还造就了历史上的许多伟人。林肯若出生在富人家，顺理成章地接受大学教育，他也许永远不会成为美国总统，也永远不会成为历史上的伟人。正是有了与困境做斗争的经历，使他们的潜能完全爆发。而那些生活在安逸舒适中的人往往不需要付出太多努力，也不需要个人奋斗就能达到目的，所以，潜伏在他们身上的能量就会被“遗忘”“湮没”。

有许多成功人士都把成功归功于自己经历的苦难和困境。如果没有苦难和困境的激励，也许他们只能挖掘自己 20% 的才能。正因为有了这种强烈的刺激，他们另外 80% 的才能才得以发挥。

身处今天快节奏的社会，我们要懂得居安思危。危机并不代表灭亡，而恰恰可能是一种契机。我们经由这些危机，往往会发现自己真正的价值所在，激发出深藏于心的巨大力量，从而使人生更加精彩。

在自危意识中前进

一个国家如果没有危机意识，迟早会出问题；一个企业如果没有危机意识，迟早会垮掉；一个人如果没有危机意识，也肯定无法取得新的进步。

那么，我们该如何在竞争激烈的职场中提升危机意识呢？

波音公司以制造飞机闻名于世。为了提升员工的忧患意识，公司别出心裁地摄制了一部模拟倒闭的电视片。在一个天空灰暗的日子，公司高高挂着“厂房出售”的招牌，扩音器传来“今天是波音公司时代的终结，波音公司关闭了最后一个车间”的通知，全体员工一个个垂头丧气地离开工厂……

这部电视片使员工受到巨大震撼，强烈的危机感使员工们意识到只有全身心投入生产和革新中，公司才能生存。否则，今天的模拟倒闭将成为明天无法避免的事实。看完模拟电视片后，员工们都以主人翁的姿态努力工作，不断创新，使波音公司始终保持强大的发展后劲。

波音公司的这种做法对于行走职场的我们来说，同样具有借鉴作用。在工作中，我们应该时刻提醒自己，只有全身心投入生产和革新中，公司才能生存，我们才有机会发展。否则，终将难逃被淘汰的命运。

罗伯特今年35岁，想改变自己，又不忍否定过去；想改变生活方式，又担心选择的并不是最适合自己的。两年前，他终于下定决心放弃某公司副经理的职位，参加MBA考试并重回校园深造。

现在，完成学业的罗伯特在找工作时却犯了难。罗伯特业已投出上百份简历，有回音者寥寥无几。罗伯特并不要求高起点的薪金，只要求一个管理类的工作职位。然而他发现，“社会上已人满为患”。罗伯特很纳闷：我正是为了完善自己才去学习的，为什么反而让社会把自己挤了出去呢?

像罗伯特这种工作后又重返课堂充电，充电后再找工作重新迎接社会的挑战，已不仅仅是35岁的人才会面临的境况。有人甚至感叹：“不充电是等死，怎么充了电变成找死啦?”

人生的经历是积累的，不要以为学习充电后就无须面临社会“物竞天择，适者生存”的自然选择。以前的经历是你的宝贵财富，但并不能让你在职场上永操胜券。千万不要有一劳永逸的期待，要时刻保持危机意识，告诉自己“一定要快跑，不够优秀在什么时候都会被淘汰”。

鸟笼效应：埋头苦干要远离引人联想的“鸟笼”

远离让人欲罢不能的“鸟笼”，不让老板怀疑你

心理学家詹姆斯与好友卡尔森打赌，说：“我敢保证，不久后你会养一只小鸟！”卡尔森觉得很荒唐：“你开玩笑吧？我从来没有这种想法。”

几天后，卡尔森过生日，朋友们都来为他庆祝。詹姆斯带了一只精致的鸟笼作为生日礼物。卡尔森会意地笑笑说：“你还真想让我养鸟啊？可惜，你会失望的。不过，还是要谢谢你。”说完便将鸟笼挂在书桌旁。

从此，来拜访卡尔森的客人都会问他同一个问题：“您养的鸟死了吗？”每位客人与他谈话时，都会提一些与鸟相关的话题，比如告诉他养鸟的知识，规劝他养鸟需要责任心和爱心，还有养鸟时的注意事项。卡尔森就一遍遍地向客人解释——他从未养过鸟。不过客人们都不相信，反而认为他心理出现问题。

卡尔森百口莫辩，有苦难言。想扔了鸟笼，又不舍得；不扔鸟笼，又惹出那么多恼人的猜测，莫须有的事端。无奈之下，他只好买了一只鸟儿放在笼子里。

这就是“鸟笼效应”。其实，“鸟笼效应”在生活、工作中常常遇到。人们总是不自觉地在心里先挂上一只“鸟笼”，再不由自主地往笼子里放“小鸟”。

刘季是从一家小公司转过来的。在小公司时，老板每天都加班到很晚，作为老板得力助手的刘季就养成了每天加班的习惯。到新公司后，为了能更好地胜任工作，他依然坚持每天加班到很晚的习惯。可是，这家公司的员工和老板没有加班的习惯。同事们发现刘季每天加班，感到很奇怪。“他是不是为了给自己家省点电，或者省点网费?”“可能是为了用公司的电话打私人电话。”“也可能是利用公司的资源干私活。”老板知道了这件事，认定这个人是在搞“名堂”，占用公司的资源。刘季发觉同事的议论后，还不以为然。但当他知道老板也怀疑他时，他就再也不敢加班了。

不要给老板怀疑你的机会，不要给同事议论你的可能。要学会遵循所在公司的规则，职场生活才会一帆风顺。

加班和加薪升迁没关系

在工作中，如果没有能力，没有业绩，无论在领导面前，还是在同事面前，甚至在下属面前，仍然很难挺起腰杆。

14 岁就到煤矿做工的斯蒂芬孙，在煤矿中从事的工作就是擦拭矿上抽水的蒸汽机。后来，他当上了煤矿的保管员，有机会接触到更多的机器。他感到，当时落后的运输工具已不能适应迅速发展的煤矿业。于是，他想发明一种强有力的运输工具。

于是，他下决心努力学习文化。他都17岁了，却是个文盲。他与启蒙的儿童一起在夜校的一年级就读。他步行1500多里，来到蒸汽机发明者瓦特的家乡做了一年的工。他在工作之余，对蒸汽机构造的原理进行钻研，并运用所学的知识，开始进行“强有力的运输工具”的发明。

他经过一番呕心沥血的钻研，在1814年造出第一台蒸汽机车。但是，试车失败了，他受到诽谤和责难。他没有因此灰心，继续研究并对其加以改进。他于1825年9月27日在英国斯多克敦至达林敦的铁路上，对世界上第一台客货运蒸汽机车“旅行”号进行成功的试车。他于1829年10月驾驶着新制的“火箭”号参加在利物浦附近举行的一次火车功率大赛，并获取胜利。

斯蒂芬孙成功了，由于多年的努力与坚持不懈，自己的能力和本领在不断提升、完善。他的经历让我们更加清楚地看到——用本领说话才是最有力的。

马克起初只是德国一家汽车公司下属的一个制造厂的杂工，他在做好每一件小事中获得成长，并在他32岁时成为该公司最年轻的总领班。

马克是20岁时进入工厂的。工作一开始，他就对工厂的生产情形做了全盘的了解。他主动要求从最基层的杂工做起。当了一年半的杂工后，马克申请调到汽车椅垫部工作。不久，他就把制椅垫的手艺学会了。后来，他又申请调到点焊部、车身部、喷漆部、车床部等部门去工作。在不到5年的时间里，他把各部门工作都做过了。最后，他申请到装配线上去工作。父亲对儿子的举动十分不解：“你工作已经 5 年了，总是做些焊接、刷漆、制造零件的小事，恐怕会耽误前途吧?”

马克笑着说：“我并不急于当某一部门的小工头。我以能胜任领导整个工厂为工作目标，所以必须花点时间了解整个工作流程。我正在用现有的时间做最有价值的事，我要学的不仅仅是一个汽车椅垫如何做，而是整辆汽车是如何制造的。”当马克确认自己已具备管理者的素质时，他决定在装配线上崭露头角。没有多久，他就成了装配线上最出色的人物。很快，他就晋升为领班，并逐步成为统管 15 位领班的总领班。如果一切顺利，他将在几年之内升到经理的职位。

做任何事情，不下一番功夫，就不会有所收获。仅有上进的思想是远远不够的，因为理想与现实之间的距离需要努力去弥补。只有掌握了扎实的本领，才能在工作中游刃有余。

鲁尼恩定律：戒骄戒躁，做笑到最后的大赢家

气怕盛，心怕满，工作中要戒骄戒躁

有一天，孔子带着学生去参观鲁桓公的宗庙。在宗庙里，他看到一个形体倾斜、可用来装水的器皿，就向守庙的人询问：“这是什么器皿?”守庙的人告诉他：“这是欹器，是放在座位右边，用来警诫自己，如‘座右铭’一般用来伴坐的器皿。”孔子接着说：“我听说，这种器皿在没有装水或装水少时就会歪倒；水装得适中，不多不少时就会是端正的；而水装得过多或装满了，它也会翻倒。”说完，扭头让学生们往里面倒水。学生们舀水来试，果然如孔子所说的。水装得适中时，它就是端正的；水装得过多或装满了，它就会翻倒；而等水流尽了，里面空了，它就倾斜了。孔子长长地叹了口气说道：“世界上哪里会有太满而不倾覆翻倒的事物啊!”

我们的心也像这欹器，自我评价太低就会抬不起头做人，自我评价适中就会积极面对人生，自我评价过高就会四处碰壁。水满则溢，

月满则亏。做人要有长远眼光，不能被一点小小的成就绊住前进的脚步，导致最后的失败。

张军和李静是大学同班同学，一起应聘到一家公司工作。论实力，李静根本不是张军的对手。张军在计算机方面有超强的天赋，而李静恰巧又长了个“不开窍”的脑瓜，所以他们俩之间的差距就更大了。可是，进公司半年后，李静却意外地比张军先升职。

张军自恃能力很强，觉得自己不需要再学习和进修。不仅如此，他对待工作总是马马虎虎。李静则知道自己实力不行，工作后依然不断地学习深造，对于上级布置的每一项任务都认真对待，还乐于向身边的人请教。所以，李静先升职是必然的。如果张军再不反省，还是那样的工作态度，最后可能会遭遇辞退的命运。

气怕盛，心怕满。这是因为气盛就会凌人，心满就会不求上进。真正成功的人都极力做到虚怀若谷，谦恭自守。一个人成功时还能保持清醒的头脑，不趾高气扬，往往会取得更大的成功。

洛克菲勒在谈到早年从事煤油业时说道：“在我的事业渐渐有些起色时，我每晚总是这样对自己说：‘现在你有了一点点成就，你一定不要因此自高自大，否则，你就会站不住，就会跌倒。你要当心，要坚持前进，否则你便会神志不清了。’我觉得我对自己进行这样亲切的谈话，对于我的一生都有很大的影响。我恐怕我受不住成功的冲击，便训练我自己不要为一些蠢思想所蛊惑。”

对于每一次的成功，只能视其为一种新努力的开始。我们要在将来的光荣上生活，而不要在过去的冠冕上生活，否则终有一天会付出代价的。

执行到位，笑到最后

现代职场中，有很多企业的员工凡事得过且过，做事不到位，经常出现这样的现象：

——5%的人不是在工作，而是在制造矛盾，无事必生非 = 破坏性地做；

——10%的人正在等待着什么 = 不想做；

——20%的人正在为增加库存而工作 = “蛮做”“盲做”“胡做”；

——10%的人没有为公司做出贡献 = 在做，但是负效劳动；

——40%的人正在按照低效的标准或方法工作 = 想做，而不会正确有效地做；

——只有15%的人在正常工作，但绩效仍然不高 = 做不好，做事不到位；

……

大多数人在按照低效的标准或方法工作，缺乏灵动的思维和智慧，永远忙乱，却永远到最后才完成任务。

越来越多的员工只管上班，不问贡献；只管接受指令，却不顾结果。他们沉不住气，得过且过，应付了事，将把事情做得“差不多”作为最高准则；他们能拖就拖，无法在规定时间内完成任务；他们马马虎虎、粗心大意、敷衍塞责……这些都是做事不到位的具体表现。

沉不住气，做事不到位，就会造成成本的增加，成本的增加意味着利润的降低。做事不到位的危害不仅在于此，在市场竞争空前激烈的今天，执行一旦不到位，就会让对手赢得先机，使自己处于被动的地位。

2002年，华为接受俄罗斯一家运营商的邀请，派遣几名技术员到莫斯科，要他们在两个月内，在莫斯科开通华为第一个3G海外试验局。

但是，受邀请的不只华为一家，第一个被邀请的是一家比华为实力更强的公司，华为的员工是受邀前去调试的第二批技术人员。于是，他们就和第一批技术人员形成一种“一对一”的竞争关系。

由于对手实力很强，一开始莫斯科运营商对华为的技术人员并不重视，不仅没有为他们提供核心网机房，甚至不同意他们使用运营商内部的传输网。缺乏这些基础设施，华为的技术员开展工作时受到很大的阻碍。华为的员工压力很大，他们一直在思考怎样才能做得更好，以赢得运营商的信任。但眼看到了业务演示的环节，华为的技术员以为没有希望了。

恰好这时候，对方的技术人员在业务演示中出现一些小漏洞，引起运营商的不满。为了弥补这些小漏洞，运营商决定将华为的设备作为后备。

华为的几位员工抓住这个机会，夜以继日地投入工作，最终向运营商完美地演示了他们的3G业务。看完演示后，运营商竖起了大拇指，立刻决定将华为的3G设备从备用升级为主用。

可见，执行到位关系到成败。执行到位，能够技压群雄；执行不到位，则可能前功尽弃、功亏一篑。

无论你天资如何，无论你有多大的缺陷，决定你输赢的都不是这些，而是你能否永远清醒地认识自己，能否做到戒骄戒躁。在跑步时，跑得快的不一定赢；没到最后一刻，都无法定输赢。只有笑到最后的人，才是真正的赢家。

链状效应：想叹气时就微笑

离职场抱怨远一点

有些人心胸不够宽大，对一些事情总是放不开，喜欢怨天尤人。如果你总和这样的人在一起，久而久之，你也会变成爱抱怨的人。这就是链状效应。所以，如果你不想变成“唠叨鬼”“抱怨精”，就离那些爱抱怨的人远一点。

在职场上，更是如此。如果有爱抱怨的同事，你千万要躲他远一些。因为你不能为他解决任何问题，听他抱怨除了自找麻烦外，只能让自己的心情也变得很糟。而你本人千万不要对同事抱怨，特别是工作上的事情。如果你抱怨多了，除了自失尊严外，还会让同事对你避之唯恐不及。

娄小明是公司刚从一家大企业挖来的人才，很受部门领导的器重。他学识渊博、才思敏捷，同事们也很佩服他。有一次，总公司有出国深造的机会，让有资格去的人写份申请并附带一份深造计划。娄小明的部门只有他和张小军符合条件，他俩就提交了申请和计划。可是，每个部门只有一个名额，领导就开会讨论让谁去比较合适。最后，讨论的结果是让张小军去。这让娄小明很不甘心，自己一点也不比张小军差，如果有差别的话，就是张小军是老总的亲戚。于是，他一有机会就向同事抱怨公司领导如何不公正、自己的遭遇如何令人气愤。他每次抱怨完都觉得心情舒畅，而且认为同事会和自己站在同一条战线上，替自己打抱不平。结果却不像他想的那样。张小军比他来公司的时间长，也很平易近人，与同事的关系都不错。娄小明越是抱怨，同事就越觉得张小军比娄小明的气量大，比他有担当。娄小明的抱怨直接损害了自己的形象，间接提升了张小军的人气。于是，同事对待娄小明的态度越来越冷淡，再没人觉得他是人才。娄小明也发现了这一变化，细想后才发现，这都是爱抱怨惹的祸，给同事留下一个心胸狭窄的印象，而自己不能出国的事实一点也没有改变。

怨天尤人，对你的工作不会有任何帮助，还会让别人看低你。所以，在办公室里，就要把消极情绪锁起来，永远呈现出积极阳光、精明能干的一面，这才会赢得别人的尊重、领导的器重，工作才会顺利。

停止抱怨，反思自己

“烦死了，烦死了!”一大早就听到王宁不停地抱怨，一位同事皱皱眉头，不高兴地嘀咕着：“本来心情好好的，被你一吵也烦了。”王宁是公司的行政助理，事务繁杂，是有些烦。可谁叫她是公司的管家呢，事无巨细，不找她找谁?

其实，王宁性格开朗外向，工作认真负责。虽说牢骚满腹，该做的事情一点也不怠慢。维护设备，购买办公用品，交通信息，买机票，订客房……王宁整天忙得晕头转向，恨不得长出8只手来。再加上为人热情，中午懒得下楼吃饭的人还请她帮忙叫外卖。

刚交完电话费，财务部的小李来领胶水。王宁不高兴地说："昨天不是刚来过吗？怎么就你事情多，今儿这个明儿那个的？"抽屉开得噼里啪啦，翻出一个胶棒，往桌子上一扔，"以后东西一起领！"小李有些尴尬，忙赔笑脸说："你看你，每次找人家报销都叫'亲爱的'，一有事求你，脸马上就长了。"

销售部的王娜风风火火地冲进来，原来复印机卡纸了。王宁脸上立刻晴转多云，不耐烦地挥挥手："烦死了！和你说一百遍了，先填保修单。"单子一甩，"填一下，我去看看。"王宁边往外走边嘟囔："综合部的人都死光了，什么事情都找我！"对桌的小张气坏了："这叫什么话？我招你惹你了？"

年末公司民意选举先进工作者。领导们认为先进非王宁莫属，可一看投票，50多份选票，王宁只得12张。

有人私下说："王宁是不错，就是嘴巴太厉害。"王宁很委屈："我累死累活的，却没人体谅……"

抱怨的人常常不受欢迎。抱怨就像用烟头烫破一个气球一样，让别人和自己泄气。谁都恐惧牢骚满腹的人，怕自己也受到传染。抱怨除了让你丧失勇气和朋友，对解决问题毫无帮助。

没有任何一家公司喜欢爱抱怨的员工，也没有任何一个人愿意同爱抱怨的人打交道。作为职场人士，要想避免成为爱抱怨的人，就必须清醒地认识到下面这些现实。

（1）抱怨解决不了任何问题。分内的事情你可以不做吗？既然不管心情如何，工作迟早还是要做，那何苦叫别人心生芥蒂呢？有发牢骚的工夫，还不如动脑筋想想：事情为什么会这样？我所面对的现实与我所预期的愉快工作有多大的差距？怎样才能如愿以偿？

（2）发牢骚的人没人缘。没有人喜欢和絮絮叨叨、满腹牢骚的人在一起。再说，太多的牢骚只能证明你缺乏能力，无法解决问题，才会将一切不顺利归于种种客观因素。若是上司见你整天发牢骚，他恐怕会认为你做事太被动，不足以托付重任。

（3）冷语伤人。同事只是你的工作伙伴，不是你的兄弟姐妹。就算你句句有理，谁愿意洗耳恭听？每个人都有不如意的事，凭什么对你的冷言冷语一再宽容？

（4）重要的是行动。把所有不满意的事情罗列一下，看看是制度不够完善，还是管理存在漏洞。公司在运转过程中，不可能百分之百的没有问题。那么，找出来，解决它。如果是职权范围之外的，最好与其他部门协调，或上报公司领导。只要你有诚意，没有解决不了的问题。

第三章

人际规律

首因效应：先入为主的第一印象

从破格录用想到的

在《三国演义》中，凤雏庞统起初准备效力东吴，于是去面见孙权。孙权见庞统相貌丑陋、傲慢不羁，无论鲁肃怎样苦言相劝，还是将这位与诸葛亮比肩齐名的奇才拒于门外。为什么会这样呢？是庞统无能，还是孙权不需要帮手呢？其实，造成这样的后果仅仅是因为庞统没能给孙权留下良好的“第一印象”。

如今，大家都认为工作不好找。其实，如果把握好求职时的第一印象，效果往往会出乎意料。

一个新闻系的毕业生到某报社对总编说：“你们需要一个编辑吗？”

“不需要！”

“那么记者呢？”

“不需要！”

“那么排字工人、校对呢？”

“我们现在什么空缺也没有了。”

“那么，你们一定需要这个东西。”说着，他从公文包中拿出一块精致的小牌子，上面写着：“额满，暂不雇用。”总编看了看牌子，微笑着点了点头：“如果你愿意，可以到广告部工作。”

这个大学生通过自己制作的牌子，表现了自己的机智和乐观，给总编留下良好的第一印象，引起对方极大的兴趣，从而为自己赢得一份满意的工作。

心理学家曾做了一个实验：

心理学家设计两段文字，描写一个叫吉姆的男孩一天的活动。其中，一段将吉姆描写成一个活泼外向的人，他与朋友一起上学，与熟人聊天，与刚认识不久的女孩打招呼等；另一段则将他描写成一个内向的人。

研究者让一些人先阅读描写吉姆外向的文字，再阅读描写他内向的文字；而让另一些人先阅读描写吉姆内向的文字，后阅读描写他外向的文字。然后，请所有的人都来评价吉姆的性格特征。

结果，先阅读外向文字的人中，有 78% 的人评价吉姆热情外向；而先阅读内向文字的人中，则只有 18% 的人认为吉姆热情外向。

由此可见，第一印象真的很重要！事实上，人们对你形成的某种第一印象，往往日后也很难改变。而且，人们还会寻找更多的理由去支持这种印象。

成功打造第一印象

了解了第一印象的重要性，现在来谈谈应该怎样给人留下良好的第一印象。

第一印象包括谈吐、相貌、服饰、举止、神态，对于感知者来说这些都是新的信息，它对感官的刺激也比较强烈，有一种新鲜感。这好比在一张白纸上，第一笔抹上的色彩总是十分清晰、深刻一样。随着后来接触的增加，各种基本相同的信息的刺激，也往往盖不住初次印象的鲜明性。所以，第一印象的客观重要性还是显而易见的，并在以后交往中起了“心理定式”作用。

如果你与人初次见面就不言不语、反应缓慢，给人的第一印象基本就是呆板、不热情，对方就可能不愿意继续了解你。如果你给人留下的第一印象是风趣、直率、热情，即使你身上尚有一些缺点，对方也愿意与你交往。

一般来说，想给他人留下良好的第一印象，必须牢记以下5点。

1. 显露自信和朝气蓬勃的精神面貌。自信是人们对自己的才干、能力、个人修养、文化水平、健康状况、相貌的一种自我认同和自我肯定。一个人要是走路时步伐坚定，与人交谈时谈吐得体，说话时双目有神，目光正视对方，善于运用眼神交流，就会给人自信、可靠、积极向上的感觉。

2. 讲信用，守时间。现代社会，人们对时间越来越重视，往往把不守时和不守信用联系在一起。若你第一次与人见面就迟到，可能会造成难以弥补的损失。

3. 仪表、举止得体。脱俗的仪表、高雅的举止、和蔼可亲的态度是品格修养的重要部分。在新环境里，别人对你还不完全了解，过分随便有可能引起误解，产生不良的第一印象。当然，仪表得体并不是非要用名牌服饰包装自己，更不是过分修饰，因为这样反而会给人轻浮浅薄的印象。

4. 微笑待人，不卑不亢。在社会生活中，微笑有助于人们之间的交往和友谊。但与别人第一次见面，笑要有度，不停地笑有失庄重。言行举止也要注意交际场合，过度的亲昵举动难免有轻浮油滑之嫌。尤其对有一定社会地位的朋友，不应表露巴结讨好的意思。否则，不仅会引起当事人的蔑视，连其他人也会瞧不起你。

5. 言行举止讲究文明礼貌。语言表达要简明扼要，不乱用词语；别人讲话时，要专心倾听，态度谦虚，不随便打断；在听的过程中，要善于通过身体语言和话语给对方以必要的反馈；不追问自己不必知道或别人不想回答的事情，以免给人留下不好的印象。

刺猬法则：与人相处，距离产生美

我们都需要一定的“距离”

生物学家做过一个实验：

冬季的一天，把十几只刺猬放到户外空地上。这些刺猬被冻得浑身发抖，为了取暖紧紧地靠在一起，而相互靠拢后，身上的长刺又把同伴刺疼，很快大家就分开了。但寒冷又迫使大家再次围拢，疼痛又迫使大家再次分离。如此反复多次，它们终于找到较佳的位置——保持一个忍受最轻微疼痛又能最大程度取暖御寒的距离。其实，人与人之间亦是如此，良好交际需要保持适当的距离。

下面，我们先来做一个选择题：

你要坐公交车出去玩，上车后发现只有最后一排还有 5 个座位，走在你前面的两个人，一个选了正中间的座位，一个选了最右侧靠窗子的座位。剩下 3 个座位中，一个在前两个人之间，两个在中间人与最左侧的窗户之间。这时，你会坐在哪里呢?

想必，你多半会选择最左侧窗户的座位，而不是紧挨着两个人中的任何一位坐下。不要好奇，这是因为人与人之间，也像刺猬那样，彼此需要一定的距离。这种距离有时是环绕在人体四周的抽象范围，用眼睛没法看清界限，但它确确实实存在。

关于这方面，一位心理学家曾做过一个实验：

在一个刚刚开门的阅览室，当里面只有一位读者时，心理学家进去拿了把椅子，坐在那位读者的旁边。实验进行了整整 80 个人次。结果证明，在一个只有两位读者的空旷的阅览室里，没有一个被试者能够忍受一个陌生人紧挨着自己坐下。当他坐在那些读者身边后，被试者不知道这是在做实验，很多人选择默默地远离，到别处坐下，甚至还有人干脆明确表示："你想干什么?"

这个实验证明，任何一个人都需要在周围有一个自己可以把握的自我空间。如果这个自我空间被人触犯，就会感到不舒服、不安全，甚至恼怒起来。

在人际交往中，一定要把握适当的交往距离，就像互相取暖的刺猬那样，既互相关心，又有各自独立的空间。

交际中的距离学问

既然距离在人际交往中如此重要，究竟保持多远的距离才合适呢?

美国人类学家爱德华·霍尔博士划分了 4 种距离。

1. 亲密距离

所谓亲密距离，即常说的亲密无间，是人际交往中的最小间隔，其近范围在 6 英寸（约 15 厘米）之内，彼此间可能肌肤相触、耳鬓厮磨，以至相互能感受到对方的体温、气味和气息；其远范围是 6 ~

18 英寸（15～44 厘米），身体上的接触可能表现为挽臂执手，或促膝谈心，仍体现出亲密友好的人际关系。

这种亲密距离属于私下情境，只限于在情感联系上高度密切的人之间使用。在大庭广众之下，两个人（尤其是异性）如此贴近，就不太雅观。在同性之间，往往只限于贴心朋友；在异性之间，只限于夫妻和恋人之间。在人际交往中，一个不属于这个亲密距离圈子内的人随意闯入这一空间，不管用心如何，都是不礼貌的。

2. 个人距离

这是人际间隔上稍有分寸感的距离，较少有直接的身体接触。个人距离的近范围为 1.5～2.5 英尺（46～76 厘米），正好能亲切握手，友好交谈。这是与熟人交往的空间，陌生人进入这个范围会构成对别人的侵犯。个人距离的远范围是 2.5～4 英尺（76～122 厘米），朋友和熟人可以自由进入这个空间。不过，较为融洽的熟人之间交往时保持的距离更靠近远范围的近距离（76 厘米），而陌生人之间谈话则更靠近远范围的远距离（122 厘米）。

3. 社交距离

这个距离已超出亲密或熟人的人际关系，而是体现出一种社交性或礼节上的较正式关系。其近范围为 4～7 英尺（1.2～2.1 米），一般在工作环境和社交聚会上，人们都保持这种程度的距离；社交距离的远范围为 7～12 英尺（2.1～3.7 米），表现为一种更加正式的交往关系。

4. 公众距离

通常这个距离是指公开演说时演说者与听众所保持的距离。其近范围为 12～25 英尺（3.7～7.6 米），远范围在 25 英尺之外。这个空间的活动，大多是当众演讲之类。当演讲者试图与一个特定的听众谈话时，他必须走下讲台，使两个人的距离缩短为个人距离或社交距离，才能实现有效沟通。

当然，人际交往的空间距离不是固定不变的，它具有一定的伸缩性，这依赖于具体情境、交谈双方的关系、社会地位、文化背景、性格特征、心境。

投射效应：人心各不同，不要以己度人

为何会有“以小人之心，度君子之腹”的心结

宋代学者苏东坡和佛印和尚是好朋友。一天，苏东坡去拜访佛印，与佛印相对而坐，开玩笑说：“我看你是一堆狗屎。”而佛印则微笑着说：“我看你是一尊金佛。”苏东坡觉得自己占了便宜，很是得意。回家以后，苏东坡得意地向妹妹提起这件事。苏小妹说：“哥哥你错了。佛家说‘佛心自现’，你看别人是什么，就表示你看自己是什么。”

也许你会一笑而过，但苏小妹的话确实是有道理的。从心理学角度来看，她正好指出了人喜欢把自己的想法投射到他人身上的投射效应。俗语说的“以小人之心，度君子之腹”，讲的就是小人总喜欢用自己卑劣的心意去猜测品行高尚的人。

与之类似，曾有这样一个有趣的笑话：

一天晚上，在漆黑偏僻的公路上，一个年轻人的汽车抛了锚——汽车轮胎爆了。

年轻人下车翻遍了工具箱，也没有找到千斤顶。怎么办？他远远望见一座亮灯的房子，决定去那户人家借千斤顶。在路上，他不停地想："要是没有人来开门怎么办？要是没有千斤顶怎么办？要是那家伙有千斤顶，却不肯借给我，该怎么办？"

顺着这种思路想下去，他越想越生气。当走到那间房子前，敲开门，主人一出来，他冲着人家劈头就是一句："你那千斤顶有什么稀罕的！"

主人被弄得丈二和尚摸不着头脑，以为来的是个精神病人，就把门关上了。不难发现，这个年轻人错就错在把自己的想法投射到主人身上。

在人际交往中，认识和评价别人的时候，我们常常要受自身特点的影响。我们总会不由自主地以自己的想法去推测别人的想法，觉得既然我们这么想，别人肯定也这么想。例如，贪婪的人总是认为别人也都嗜钱如命；自己经常说谎，就认为别人也总是在骗自己；自己自我感觉良好，就认为别人也都认为自己很出色。

1974 年，心理学家希芬鲍尔做了一个实验：

他邀请一些大学生作为被试者，将他们分为两组。给其中一组学生放映喜剧电影，让他们心情愉快；而给另外一组学生放映恐怖电影，让他们产生恐惧。然后，他又给这两组学生看相同的一组照片，让他们判断照片上人的面部表情。

结果，看了喜剧电影心情愉快的那组大学生判断照片上的人也是开心的表情，而看了恐怖电影心情紧张的那组大学生则判断照片上的人是紧张害怕的表情。

这个实验说明，被试的大部分学生将照片上人物的面部表情视为自己的情绪体验，即将自己的情绪投射到他人身上。

投射效应的表现形式除了将自己的情况投射到别人身上外，还有另一种表现——感情投射。即对自己喜欢的人或事物越看越喜欢，越看优点越多；对自己不喜欢的人或事物越看越讨厌，越看缺点越多。这种情况多发生在恋爱期间，如在热恋时人们喜欢在周围人面前吹嘘自己的另一半如何完美无缺；一旦失恋，对对方的憎恨之情溢于言表，并言过其实。

知道了投射效应在人际交往的过程中会造成我们对其他人的知觉失真，我们就要在与人交往的过程中保持理性，避免受这种效应的不良影响。

辩证走出“投射效应”的误区

对任何事物都应辩证地去看，投射效应也不例外。

一方面，这种效应会使我们拿自己的感受去揣度别人，缺少人际沟通中认知的客观性，从而造成主观臆断并陷入偏见的深渊，这是我们需要克服的。

《庄子·天地》中记载了一个故事：尧到华山视察，华封人祝他“长寿、富贵、多男子”，尧都辞谢了。华封人说：“寿、富、多男子，人之所欲也。汝独能不欲，何邪?”尧说：“多男子则多惧，富则多事，寿则多辱。是三者，非所以养德也，故辞。”

人的心理特征各不相同，即使是“富”“寿”等基本目标，也不能随意“投射”给任何人。由于产生投射效应是主观意识在作祟，我们可以通过时刻保持理性，克服潜意识和惯性思维，让事物的发展规律还原本来面目，从而消除这种效应带来的不良影响。

另一方面，因为人性有相通之处，有时不同的人的确会产生相同的感受。那么，我们就可以利用一个人对别人的看法来推测这个人的真正意图或心理特征。

例如，你在帮公司招聘人员时，想了解求职者真实的应聘目的，就可以设计这样的问题：

你应聘本公司的主要原因是什么?

A. 工作轻松。B. 有住房。C. 公司理念符合个人个性。D. 有发展前途。E. 收入高

你认为跟你一起到本公司应聘的其他人前来的主要原因是什么?

A. 工作轻松。B. 有住房。C. 公司理念符合个人个性。D. 有发展前途。E. 收入高

第一个题目并没有多大意义，大部分求职者都会选择 C 或 D；第二个题目，则可以考察求职者的心理投射，求职者一般会根据自己内心的真实想法来推测别人，其答案往往也就是求职者内心的想法。

对待交际中的投射效应，要学会辩证地看待其影响，用理智避开它不利的一面，用智慧运用好它有利的一面。

自我暴露定律：适当暴露，让你们的关系更加亲密

适当的“自我暴露”有助于加深亲密度

你有秘密吗？你是否发现自己与最亲密的人往往共同分享着彼此的许多秘密，而对于那些交情一般的人，你们之间几乎任何秘密都没有？你还可以回想一下，与最好的朋友的友谊，是不是从那一次你们两人互诉真心开始建立的？想必，你对上述几个问题的答案基本都是“是”。无须奇怪，这就是人际交往中的自我暴露定律。

研究交际心理学的人士指出，让人家看到自己的缺点或弱点，人家才会觉得你真实可信，不存虚假，从而产生亲近感；反之，完全把自己“藏起来”，就会使人感觉造作、虚伪，让人觉得有压力。

小敏是宿舍中最擅长交际的一个，人也长得漂亮。但同宿舍甚至同班的其他女孩都找到了男朋友，唯独小敏仍是独自一人。她身边的同学都表示，她太神秘，别人很难了解她。和她有过接触的男同学也说，刚开始和她交往时，感觉她是个活泼开朗的女孩。但时间一长，

就发现她其实很封闭。

原来，小敏一直对自己的私生活讳莫如深，也从不和别人谈论自己。每当别人问起时，她就把话题岔开，怪不得同学们都觉得她神秘呢！

人之相识，贵在相知；人之相知，贵在知心。要想与别人成为知心朋友，就必须表露自己的真实感情和真实想法，向别人讲心里话，坦率地表白自己、陈述自己、推销自己，这就是自我暴露。

在生活中，有的人知心朋友比较多，虽然他（她）看起来不是很擅长社交。如果你仔细观察，会发现这样的人一般都有一个特点，就是为人真诚，渴望情感沟通。他们说的话也许不多，但都是真诚的。他们有困难的时候，总会有人来帮助，而且很慷慨。

而有的人，虽然很擅长社交，甚至在交际场合中如鱼得水，但少有知心朋友。因为他们习惯于说场面话，做表面功夫，交朋友又多又快，感情却都不深；因为他们虽然说了很多话，却很少暴露自己的真实感情。

如果希望结交知心朋友，你不妨先对他们敞开自己的心扉！

过犹不及，暴露自己要有度

人常说："凡事要有度，凡事不能过度。"在交际中，自我暴露是赢得他人好感的有效方式，但这种暴露同样要适度。

小鱼是某大学的研究生，刚入学不久，她就把同班同学"雷"到了。一天早上上课，坐在前排的她转过身和一位同学借笔记，还回来时笔记里竟然夹了一张男生的照片。于是，小鱼打开了话匣子，跟后面的同学聊了起来，说那是她在火车上认识的新男友，正热恋。她从她和男友在哪儿租了房子、昨天买了什么菜、谁做的晚饭，说到她如何如何幸福，甚至说到二人世界里亲密的小细节……

这样的事情有很多，而且她经常不分时间场合就跟别人讲自己的私事。到后来，同学们一见到她就躲开了，大家都受不了她。

在人际交往的过程中，自我暴露要有一个度，过度的自我暴露反而会惹人厌。在人际交往中，自我暴露应注意以下几个问题。

自我暴露应遵循对等原则，即当一个人的自我暴露与对方相当时，才能使对方产生好感。比对方暴露得多，则给对方很大的压力，对方会避而远之；比对方暴露得少，又缺乏交流的诚意，交不到知心朋友。

自我暴露应循序渐进。自我暴露必须缓慢到相当温和的程度，缓慢到足以使双方都不感到惊讶的速度。如果过早地涉及太多的亲密关系，反而会引起对方的不信任感，认为你不稳重，从而拉大双方的心理距离。

真正的亲密关系是建立得很慢的，它的建立要靠信任和与别人相处的不断体验。你的“自我暴露”必须以逐步深入为基本原则，这样才会讨人喜欢，才能交到知心朋友。

刻板效应：别让记忆中的刻板挡住你的人缘

偏见的认知源于记忆中的刻板

一些社会心理学家认为，偏见的认知来源于刻板印象。

刻板印象指的是人们对某一类人或事物产生的比较固定、概括而笼统的看法，是我们在认识他人时经常出现的普遍现象。

刻板印象的形成，主要是由于我们在人际交往的过程中，没有时间和精力去和某个群体中的每一成员都进行深入的交往，而只能与其中的一部分成员交往。因此，我们只能“由部分推知全部”，由接触到的部分去推知这个群体的全部。

人们一旦对某个事物形成某种印象，就很难改变。美国一些心理学家分别于 1932 年、1951 年、1967 年对普林斯顿大学生进行了 3 次有关民族性格的刻板印象调查。他们让学生选择 5 个他们认为某个民族最典型的性格特征。3 次研究的结果大致相同，如下表所示。

民　族	性格特性
美国人	勤奋、聪明、实利主义、有雄心、进取
英国人	爱好运动、聪明、沿袭常规、传统、保守
德国人	有科学头脑、勤奋、不易激动、聪明、有条理
犹太人	精明、吝啬、勤奋、聪明
意大利人	爱艺术、感情丰富、急性子、爱好音乐
日本人	聪明、勤奋、进取、精明

雷兹兰（1950 年）、西森斯（1978 年）、休德费尔（1971 年）等人的研究也充分证实了这种刻板效应对人知觉的严重曲解。

生活中，人们都会不自觉地把人按年龄、性别、外貌、衣着、言谈、职业等外部特征归为各种类型，并认为每一类型的人有共同特点。在交往观察中，凡对象属一类，便用这一类人的共同特点去理解他们。比如，人们一般认为工人豪爽，军人雷厉风行，商人精明，知识分子是戴着眼镜、面色苍白的“白面书生”形象，农民是粗手大脚、质朴安分的形象等。诸如此类的看法都是类化的看法，都是人脑中形成的刻板、固定的印象。

如何移去记忆中的刻板

刻板效应的产生，一是来自直接交往印象，二是通过别人介绍或传播媒介的宣传。刻板效应既有积极作用，也有消极作用。居住在同一个地区、从事同一种职业、属于同一个种族的人总会有一些共同特征。刻板印象建立在对某类成员个性品质抽象概括认识的基础上，反映了这类成员的共性，有一定的合理性和可信度。所以，它可以简化人们的认知过程，有助于人们迅速做出判断，帮助人们迅速有效地适应环境。但是，刻板印象毕竟只是一种概括而笼统的看法，不能代替活生生的个体，因而“以偏概全”的错误总是在所难免。刻板效应容易使人认识僵化、保守，人们一旦形成不正确的刻板效应，用这种定型观念去衡量一切，就会造成认知上的偏差。

刻板效应具有浅尝性，往往对个体或者某一群体的分类过于简单和机械，有的只依靠停留在表面上的认识就加以定性。刻板效应同时具有部落共性，在同一社会、同一群体中，由于同一文化、价值观念、信息来源的影响，刻板印象有惊人的一致性。刻板效应还具有强烈的主观性，往往凭着偶然的经验加以评判或分类，大多是以偏概全，甚至是颠倒是非。

作为教师、学生家长或社会其他人员，在评价学生的人格时首先要有大系统思维观，切忌单线条或者直线思维，要考虑事情原因和结果的多样性、复杂性，而不是“一个事物、一种现象、一个结果”，要建立多原因、多结果论。其次，要用发展的眼光来看问题。世界是时时刻刻在发展变化的，如果用刻舟求剑的办法处理问题，是要闹笑话的，最终会导致严重错误。最后，要多方位、多角度观察学生。“横看成岭侧成峰，远近高低各不同。”只有观察多了，才有可能全面地认识一个人。

换位思考定律：将心比心，换位思考

己所不欲，勿施于人

曾经有位因不会与人交往而处处遭人白眼的年轻人，非常苦恼地去找智者，希望智者能告诉他与人交往的秘诀。那智者只送了他4句话：“把自己当成别人，把别人当成自己，把别人当成别人，把自己当成自己。”年轻人当时不明白，以为智者随便说几句来敷衍他。智者却说：“这就是秘诀。”后来，这位年轻人反复琢磨，经过实践后，终于明白了智者的话。与人交往的秘诀其实就是换位思考。

中国自古就有“己所不欲，勿施于人”的古训，而《圣经》里也有这样的教诲：“你们愿意别人怎样待你，你们就怎样对待别人。”人与人的交往，都是将心比心的。只有懂得为别人考虑的人，才能获得别人的真情。

这世上有很多争吵，都是因为没有站在别人的立场上看问题而导致的。如果每个人都能站在别人的立场上为别人考虑，这个世界将变成爱的海洋、和谐美满的天堂。妻子总觉得丈夫不体贴，丈夫总觉得妻子不温柔；老师总觉得学生不听话，学生总觉得老师不讲理；家长总觉得孩子不可救药，孩子总觉得家长专制独裁；老板总觉得员工爱偷懒，员工总觉得老板是“吸血鬼”……大家都只从自己的立场出发想问题，那将无法进行沟通和获得理解。

从前，有一个男人厌倦了天天忙碌的工作，每天回家看到妻子总是羡慕她的悠闲舒适。于是有一天，他向上帝祈祷，希望上帝让他和妻子互换角色。结果，第二天祈祷灵验了。他高兴极了，心想以后就能享受美好的悠闲生活了。可还没等他想完，妻子就抗议道：“你怎么还不去做早餐，我上班要迟到了。”于是，他赶紧去做早餐。做完早餐，又去叫孩子们起床，给孩子们穿衣服，喂早餐，装好午餐，送孩子们上学。回到家后，又开始打扫卫生，洗衣服，到超市买菜，准备晚餐……只一天，他就受不了了，太累了，比他上班还累。第二天一醒来，他就祷告，请求上帝再把他变回去。上帝却对他说：“把你变回去，可以。但要再等 10 个月，因为你昨天晚上怀孕了。”

这个有意思的故事，说的是换位思考的问题。不要以为别人的工作就比你轻松，别人就比你活得容易。总之，己所不欲，勿施于人。希望别人怎么对你，你就怎么对别人。

设身处地为他人考虑

设身处地为他人考虑，也是为自己考虑。在这个世界上，没有哪个人是不依赖他人而孤立存在的。不懂得为他人考虑的人，也没有人会为你考虑。只想着自己的人，不会得到尊重、理解、爱戴、友情。

一个参军的年轻人，由于在战场上误踩了地雷，失去了一只胳膊和一条腿。他痛苦万分，但想到爱他的父母，他的心底又燃起活下去的希望。可他现在这个样子，父母会如何看待他呢？他决定还是打个电话给父母，再做打算。于是，他拨通家里的电话："爸爸，妈妈，我要回家了。但我想请你们帮我一个忙，我想带一位朋友回去。"父母很高兴，说道："当然可以，我们也很高兴能见到他。"年轻人接着说："但这位朋友在这次战争中失去了一只胳膊和一条腿。他无处可去，我希望他能来我们家和我们一起生活。"年轻人这话一出口，电话就传来父母的声音："我们很遗憾，但这样一个残疾人将会给我们带来沉重的负担，我们不能让这种事干扰我们的生活。你还是快点回家来，把这个人给忘掉。"几天后，他的父母接到警察局的电话，说他们的儿子从高楼上坠地而死，调查结果认定是自杀。当悲恸欲绝的父母看到儿子的尸体时，他们惊呆了，他们的儿子只有一只胳膊和一条腿。

生活中，这样的悲剧还有很多。灾难发生在别人身上是故事，发生在自己身上才是事故。而这个世界是公平的，风水轮流转，发生在别人身上的不幸也可能发生在自己身上。你怎么对待别人，别人就怎么对待你。所以，要处处为别人考虑。真正设身处地为他人着想，是每个人都应学习的人生法则。

第四章

经济效应

公地悲剧：都是“公共”惹的祸

为什么“公共”会惹祸

和所有水果一样，樱桃有一个自然的成熟周期。还没成熟时，味道很酸。但随着时间的推移，樱桃的含糖量提高了，吃起来也就可口了。专门种植樱桃的农户到收获时节才采摘樱桃，超市里的樱桃都是到成熟期才上架的。然而，长在公园里的樱桃总是在尚未成熟、味道还酸时就被人摘下吃了。如果人们能等久点再采摘，樱桃的味道会更好。可为什么人们等不得呢?

这是因为，公园的樱桃是一种公共物品。对公共物品而言，你不从中获得收益，他人会从中获得收益，最后损失的是大家的利益。所以，人们只期望从公共物品中捞取收益，但没有人关心公共物品的结果。正因为如此，才最终酿成“公地悲剧”。

“公地悲剧”最初由英国人哈定于 1968 年提出，“公地悲剧”也被称为哈定悲剧。哈定说：“在共享公有物的社会中，所有人都追求各自的最大利益，这就是悲剧的所在。每个人都被锁定在一个迫使他在有限范围内无节制地增加牲畜的制度中，毁灭是所有人都奔向的目的地。因为在信奉公有物自由的社会中，每个人都追求自己的最大利益。公有物自由给所有人带来了毁灭。”他提出了一个“公地悲剧”的模型。

一群牧民在一个公共草场放牧。其中，有一个牧民想多养一头牛，因为多养一头牛增加的收益大于其成本，是有利润的。他明知草场上牛的数量已太多了，再增加牛的数目将使草场的质量下降。但对他来说，增加一头牛是有利的，因为草场退化的代价可以由大家负担。于是，他增加了一头牛。当然，其他牧民都认识到这一点，都增加了一头牛。人人都增加了一头牛，整个牧场多了N头牛，结果过度放牧导致草场退化。于是，牛群数目开始大量减少。所有牧民的如意算盘都落空了，大家都遭受了严重的损失。

可见，“公地悲剧”展现的是一幅私人利用免费午餐时的狼狈景象——无休止地掠夺。“悲剧”的意义，也就在于此。

走出“公地悲剧”的旋涡

现实生活中，“公地悲剧”多发生在人们对公共产品或无主产权物品的无序开发及破坏上，如近海过度捕鱼造成近海生态系统严重退化。

英国解决这种悲剧的办法是“圈地运动”。一些贵族通过暴力手段非法获得土地，开始用围栏将公共用地圈起来，据为己有，这就是臭名昭著的“圈地运动”。但由于土地产权的确立，土地由公地变为私人领地的同时，拥有者对土地的管理更高效了，为了长远利益，土地所有者会尽力保持草场的质量。同时，土地兼并后以户为单位的生产单元演化为大规模流水线生产，劳动效率大为提高。

土地属于公有产权，零成本使用，而且排斥他人使用的成本很高，这样就导致“牧民”的过度放牧。我们当然不能再采用简单的“圈地运动”来解决“公地悲剧”，我们可以将“公地”作为公共财产保留，但准许进入，这种准许可以以多种方式进行。比如，有两家石油或天然气生产商的油井钻到同一片地下油田，两家都有提高自己的开采速度、抢先夺取更大份额的激励。如果两家都这么做，过度开采会减少他们可以从这片油田收获的利益。在实践中，两家都意识到这个问题，达成分享产量的协议，使从一片油田的所有油井开采的总数量保持在适当的水平，这样才能达到双赢的目的。

有人可能会说，避免“公地悲剧”的发生，必须不断减少“公地”。但是，让“公地”完全消失是不可能的。“公地”依然存在，这就要求政府制定严格的制度，将管理的责任落实到具体的人。这样，在“公地”里过度“放牧”的人才会收敛自己的行为，才会在政府干预下合理“放牧”。

泡沫经济：上帝欲使其灭亡，必先使其疯狂

上帝欲使其灭亡，必先使其疯狂

西方谚语说：“上帝欲使人灭亡，必先使其疯狂。”

20 世纪 80 年代后期，日本的股票市场和土地市场热得发狂。从 1985 年年底到 1989 年年底的 4 年里，日本股票总市值涨了 3 倍，土地价格也接连翻番。到 1990 年，日本土地总市值是美国土地总市值的 5 倍，而美国国土面积是日本的 25 倍。日本的股票和土地市场不断上演着一夜暴富的神话，眼红的人们不断涌进市场，许多企业无心做实业，纷纷干起炒股和炒地的行当——整个日本都为之疯狂。

正当人们陶醉之时，从 1990 年开始，股票价格和土地价格像自由落体般猛跌，许多人的财富转眼间就成了过眼云烟，上万家企业关门倒闭。土地和股票市场的暴跌带来数千亿美元的坏账，仅 1995 年 1 ~ 11 月就有 36 家银行和非银行金融机构倒闭，爆发了挤兑风潮。极度繁荣的市场轰然崩塌，人们形象地称其为“泡沫经济”。

泡沫经济可追溯至1720年发生在英国的“南海泡沫公司事件”。当时，南海公司在英国政府的授权下垄断了对西班牙的贸易权，对外鼓吹其利润的高速增长，引发了对南海股票的空前热潮。由于没有实体经济的支持，经过一段时间，其股价迅速下跌，犹如泡沫那样迅速膨胀又迅速破灭。

泡沫经济源于金融投机。正常情况下，资金的运动应当反映实体资本和实业部门的运动状况。只要金融存在，金融投机就必然存在。但如果金融投机交易过度膨胀，同实体资本和实业部门的成长脱离得越来越远，便会形成泡沫经济。

在现代经济条件下，各种金融工具和金融衍生工具的出现以及金融市场日益自由化、国际化，使得泡沫经济的发生更为频繁，波及范围更加广泛，危害程度更加严重，处理对策更加复杂。泡沫经济的根源在于虚拟经济对实体经济的偏离，即虚拟资本超过现实资本所产生的虚拟价值部分。

泡沫经济得以形成具有两个重要原因：

第一，宏观环境宽松，有炒作的资金来源。泡沫经济都是发生在国家对银根放得比较松、经济发展速度比较快的阶段，社会经济表面上呈现一片繁荣，为泡沫经济提供了炒作的资金来源。一些手中拥有资金的企业和个人首先想到的是把这些资金投到有保值增值潜力的资源上，这就是泡沫经济成长的社会基础。

第二，社会对泡沫经济的形成和发展缺乏约束机制。对泡沫经济的形成和发展进行约束，关键是对促进经济泡沫成长的各种投机活动进行监控，但目前还缺乏这种监控的手段。这种投机活动发生在投机当事人之间，没有中介机构去监控它。作为投机过程中最关键的一步——货款支付活动，更没有一个监控机制。

泡沫经济如同猴子捞月

“猴子捞月”的故事大家耳熟能详。树上的猴子们一只只地拉着前面一只猴子的尾巴，形成一条链子，把最后一只猴子送到水面，让它到水中捞月。

这些猴子的探索精神还是不错的，通过自身实践最终明白，水中的月亮不过是天上月亮的影子，从而增长了知识。倒是人类不止一次地把投影当作实体，把实体抛在脑后。归根结底，不过一个“贪”字。这比捞月的猴子高明多少呢?

猴子认为月亮在水中，可它们真正去打捞时，月亮却破了、碎了，水中的月亮只是美丽的影像。在经济学中，泡沫经济如同水中的月亮，人们对它的希望如同一种投机。人们争先恐后地进入，给社会经济带来严重危害，造成经济崩溃。

西方最早出现的泡沫经济，是以投资郁金香开始的。16 世纪中期，荷兰人开发出郁金香的很多新品种，被无数的欧洲民众喜欢。于是，荷兰的郁金香种植者们开始搜寻“变异”“整形”过的花朵，以此卖高价。逐渐地，这种狂热扩散到整个荷兰。所有的荷兰家庭都建起花圃，郁金香布满了荷兰每一寸可利用的土地。

1636 年，一枝郁金香已与一辆马车、几匹马等值。至 1637 年，郁金香球茎的总涨幅已高达 5900%！终于，郁金香的价格开始崩溃，暴跌不止。整个荷兰的经济都崩溃了，债务诉讼数不胜数，法庭无力审理，很多大家族衰败，老字号倒闭。荷兰的经济也在很多年之后才得以恢复。

自此之后，接二连三的泡沫经济出现在世界的各个角落。归根结底，非理性的贪欲让人们丧失了判断标准，最后自食恶果。

测不准定律：越是“测不准”越有创造性

我们生活在一个“测不准”的世界

德国物理学家海森堡的量子力学的测不准定律带来了物理学上的革命，他也因此获得诺贝尔奖。这一定律冲破了牛顿力学中的死角，表明人类观测事物的精准程度是有限的，或者说错误难免，任何事皆有可能。

对于经济学来说，索罗斯发现了“经济学测不准定律”。索罗斯号称“金融天才”，从1969年启动的“量子基金”，以平均每年35%的增长率令华尔街的同行目瞪口呆。他似乎在用一种超常的力量左右着世界金融市场，创下了许多令人难以置信的业绩。

在多年的经商过程中，索罗斯对华尔街进行了深入分析，察觉金融市场的现实其实就是混乱无序。市场中买入卖出决策并不是建立在理想的假设基础之上，而是基于投资者的预期，数学公式是不能控制金融市场的。人们对任何事物能实际获得的认知并不是非常完美的，投资者对某一股票的偏见，不论肯定或否定，都将导致股票价格的上升或下跌。因此，市场价格并非总是正确的，总能反映市场未来的发展趋势，它常常因投资者以偏概全的推测而忽略某些未来因素可能产生的影响。

实际上，并非目前的预测与未来的事件吻合，而是目前的预测造就了未来的事件。所谓金融市场的理性，全依赖于人的理性，赢得市场的关键在于如何把握群体心理。投资者的狂热会导致市场的跟风行为，而不理性的跟风行为会导致市场崩溃。这就是他提出的“经济学测不准定律”。所以，投资者在获得相关信息之后做出的决定，与其说是根据客观数据做出的预测，不如说是根据他们心里的感觉做出的预测。

索罗斯还认为，由于市场的运作是从事实到观念，再从观念到事实，一旦投资者的观念与事实之间的差距太大，无法得到自我纠正，市场就会处于剧烈的波动和不稳定的状态，市场就易出现“盛—衰”序列。投资者的盈利之道就在于推断出即将发生的预料之外的情况，判断盛衰过程的出现，逆潮流而动。但同时，索罗斯也提出，投资者的偏见会导致市场跟风行为，而盲目从众的跟风行为会让人们过度投机，最终结果就是市场崩溃。

在“测不准”当中，又有“测得准”的由盛而衰的波动定律，投资者的盈利之道就在于及时地推断出即将发生的新情况，逆流而动。可究竟何时动、何时不动，完全取决于投资者的悟性。他说：“股市通常是不可信赖的，如果在华尔街你跟着别人赶时髦，你的股票经营注定是十分惨淡的。”

股市的测不准现象比比皆是。机构的预测报告本来就是顺应媒体和股民的需求而产生的，那些企图预测股市的人天天在预测，而股市的结局跟足球赛一样是不可预测的。从科学的角度看，本来就“测不准”，点位城市行为本身是错的，却偏要作为正确的预测结果出来，自然难以做得准了。

近年来，另一个遵循“测不准”原理的就是国际原油价格。许多人热衷于预测油价，对油价走势进行判断，但油价预测已无异于猜谜游戏。因为影响油价的因素太多，影响油价的基本原理应是市场供求关系，但地缘政治、自然灾害、恐怖活动及基金投机炒作等因素影响了国际石油市场的供需，国际油价随之大起大落，上涨之高大大超出一般预期。

从经济学视窗看“测不准”

经济学中常用到马歇尔局部均衡“供给—需求”模型，这一模型包含相当多的“其余条件”，如偏好稳定、市场出清、不考虑其他商品等。可在现实经济生活中，这一点无法办到，我们无法构筑一个定律能够完全发挥作用的环境。

1974 年，美国政府为清理翻新自由女神像扔弃的废料，向社会广泛招标。由于美国政府出价太低，好几个月没人应标。正在法国旅行的一个得克萨斯人听说这件事，立即乘飞机赶往纽约。看过自由女神像下堆积如山的钢块、螺丝和木料，他未提任何条件，当即就签字包揽下来。纽约的许多运输公司为他的愚蠢举动暗自发笑，因为在纽约州，对垃圾的处理有严格规定，弄不好就要受到环保组织的起诉。这个得克萨斯人组织工人对废料进行分类。他让人把废铜熔化，铸成小自由女神像，用废水泥块和木头块加工成底座，把废铅、废铝做成纽约广场型的钥匙挂。他甚至把从自由女神像上扫下的灰尘包装起来，出售给花店。不到 3 个月，他让这堆废料变成 350 万美元现金，使每磅铜的价格整整翻了 1000 倍。

不得不承认，生活中有时一个创意带来的实际成效抵得上 100 个人缺乏创新的千篇一律的劳动。实现这种大幅度的飞跃，不仅需要主动性，还需要发挥创造力。在新的未知领域，有很多难以准确估计、精确测量的不确定性因素，但这也正是提供跳跃的最好平台。比如，资金是制约企业初期创业发展的重要因素，这就为企业的前途增加了不确定性。但有的时候，越缺少资金，企业对市场的适应性也越强。过分依赖资本本身就会使得公司面临风险，所以企业轻装上阵，反而能更好地发挥创造性。

口红效应：经济危机中逆势上扬的商机

“口红”为何走俏

韩国经济不景气时，服装流行的是鲜艳的色彩，并且短小和夸张的款式订单比较多；日本的服装产业处于低谷时，修鞋补衣服之类的铺子的生意出现了一片繁荣的景象；美国20世纪二三十年代的大萧条时期，几乎所有的行业都沉寂趋冷，好莱坞的电影业却乘势腾飞，热闹非凡，尤其是场面火爆的歌舞片大受欢迎，给观众带来欢乐和希望，也让美国人在秀兰・邓波儿等家喻户晓的电影明星的歌声舞蹈中暂时忘却痛苦。

以上都是“口红效应”的作用表现。经济不景气时，生活压力会增加，人们的收入和对未来的预期都会降低。这时首先削减的是大宗商品的消费，如买房、买车、出国旅游等。这样一来，反而可能会比正常时期有更多的“闲钱”，正好需要轻松的东西让自己放松一下，所以会购买一些“廉价的非必要之物”，从而刺激这些廉价商品的消费上升。

金融危机的寒流并不会让所有行业都陷入低迷的境地，经济政策制定者和企业决策者可以利用“口红效应”，适时调整政策和经营策略，就能最大限度地降低危机的负面影响。危机到来时，商家要做的就是打造危机下的口红商品。只要人人都努力了，都在想方设法地卖出自己的那支“口红”，“口红效应”就有可能发生意想不到的作用。

要想利用“口红效应”来拉动销售，需要满足以下三个条件。

首先，所售商品除实用价值外，要有附加意义。同样花几十元钱，比起喝咖啡和坐出租车来，还是看电影更有吸引力，可以带来两个小时或更长时间的持续满足感。危机时期令人绝望的境况，让人们黯然神伤，信心与快乐成为最稀缺的商品。此时，文化娱乐产业将成为“口红效应”中的获益者。

其次，商品的价格要相对低廉。在经济不景气时，人们的收入会有不同幅度的下降，导致对消费品的购买力也会下降。大型投资或奢侈品在这一阶段不会赢得消费者青睐，反倒是价格低廉的商品在此时会迎来销售的“春天”。

最后，商家要适当引导消费者，带动间接消费的欲望。在经济最黑暗的 1929 年，美国各大媒体纷纷向公众推荐疗伤影片。好莱坞还举行了第一届奥斯卡颁奖礼，引来众多观众。1930 年，梅兰芳在纽约唱响《汾河湾》，美国人一边排队领救济面包，一边抢购他的戏票，5 美元的票价被炒到十五六美元，创下萧条年代百老汇的天价。

经济危机中常见的生机产业

经济发展有其自身的规律，金融危机的爆发也是经济发展过程中出现的不可避免的问题。当出现这种现象时，商家不可坐以待毙，要学会从低潮中寻找新的商机，迅速实现产业的转型，从而让经济危机的劣势转化为产业发展的优势。就“口红效应”而言，它的受益产业主要有以下几个。

第一，化妆品行业。统计显示，美国 1929 年至 1933 年工业产值减半，但化妆品销售增加；1990 年至 2001 年经济衰退时化妆品行业工人数量增加；2001 年遭受“9 · 11”袭击后，口红销售额翻倍。化妆品行业出现繁荣的时期都是民众生活受到较大影响的时期。在人们心灵受伤时，格外需要低廉的非必需品来疗伤。

第二，电影产业。20 世纪二三十年代经济危机时期正是好莱坞的腾飞期，2008 年的经济衰退也伴随着电影票房的攀升。有人预测，中国的文化产业要借着“口红效应”实现新的跨越。今天的观众走进影院，既能看到传统功夫片《叶问》，也可选择结合艺术和商业的《梅兰芳》《爱情呼叫转移》。这正是“口红效应”的反映。

第三，动漫游戏行业。日本市场调研机构发布的消费统计数据显示，虽然其他行业走冷，游戏机行业中的任天堂和索尼 PSP 却销量大增。无论其他行业的形势如何严峻，游戏一直是人们放松和疗伤的最优选择。

经济危机不会长久地存在于人们的生活中，终究还是会有回暖的时候。经济增长的步伐偶尔慢下来，未必不是好事。人们可以从繁忙的工作与生活中走出来，谈谈情、唱唱歌、跳跳舞，回归一下家庭。而企业则可以寻找商机，创造一支能让人们心仪的“口红”，推广开来。如此看来，“口红效应”也会实现双赢。

乘数效应：一次投入，拉动一系列反应

一场暴风雨引发的乘数效应

一场暴风雨过后，一家百货公司的玻璃破了。百货公司拿出5000元将玻璃修好。装修公司把玻璃重新装好后，得到5000元，拿出4000元为公司添置一台电脑，余下1000元作为流动资金存入银行。电脑公司卖出这台电脑后得到4000元，用3200元买了一辆摩托车，剩下800元存入银行。摩托车行的老板得到3200元后，用2600元买了一套时装，将600元存入银行。最后，各个公司得到的收入之和远远超出5000元这个数字。百货公司玻璃被刮坏而引发的一系列投资增长就是乘数效应。

在经济学中，乘数效应更完整地说是支出/收入乘数效应，是指一个变量的变化以乘数加速度的方式引起最终量的增加。在宏观经济学中，指的是支出的变化导致经济总需求不成比例的变化，即最初投资的增加所引起的一系列连锁反应会带来国民收入的成倍增加。所谓乘数，是指这样一个系数，用这个系数乘以投资的变动量，就可得到此投资变动量所引起的国民收入的变动量。假设投资增加 100 亿元，若这个增加导致国民收入增加 300 亿元，乘数就是 3；如果所引起的国民收入增加量是 400 亿元，乘数就是 4。

“乘数效应”也叫“凯恩斯乘数”。事实上，在凯恩斯之前，就有人提出过乘数效应的思想和概念，但凯恩斯进一步完善了这个理论。凯恩斯的乘数理论对西方国家从“大萧条”中走出来起到重大作用，甚至有人认为 20 世纪两个最伟大的公式就是爱因斯坦的相对论基本公式和凯恩斯的乘数理论基本公式。凯恩斯乘数理论因其对于宏观经济的重要作用，在 1929～1933 年的世界经济危机后得到重视，一度成为美国大萧条后“拉动经济”的原动力。

乘数效应不是万有定律，要辩证看待

“9·11”事件是继第二次世界大战期间的珍珠港事件后，第二次对美国造成重大伤亡的袭击，是人类历史上迄今为止最严重的恐怖袭击事件。可是，一些经济学家却发表了一番令人哭笑不得的言论，认为这次恐怖袭击对美国的宏观经济来说是大有好处的，甚至会带来契机。

他们的理由很简单，这次恐怖袭击令美国国会批准了 400 亿美元的紧急预算，这些钱会创造第一轮的需求和增收，大约一年内就会看到成效，并且这一开支的增加将会继续创造下一轮的需求。这些经济学家经过认真仔细的推算，认定在美国经济不景气的情况下，这 400 亿美元的开支将会使得国民生产总值增加 1000 亿美元……所以说，在这个经济不景气的时刻，财政开支的增加对美国反而是一剂强心针。

大家都觉得奇怪，假如说这些经济学家的观点是正确的，即损失两栋大楼可以促进国民经济发展，为什么美国人自己不动手多炸掉几栋，反而让恐怖分子钻了空子呢？

还有一些经济学家根据乘数原理得出与上述完全相反的结论。乘数原理既然可以放大好处，也可以放大坏处。损失的几栋大楼很值钱，里面的死伤人员也都是各行各业的精英人士，其价值无法估量。因此，这一恐怖袭击将会造成美国经济的节节败退，最终进入恶性循环。

事实证明，美国经济在“9・11”事件之后，没有突飞猛进，也没有一败涂地。上述两种结论似乎都是不正确的。是乘数效应出错了吗？当然不是。在社会经济生活中，“乘数效应”不止一宗，而是无数宗。不是说“乘数效应”不存在，而是说不能只盯着一宗“乘数效应”。无数宗“乘数效应”会互相抵消、互相排斥，其最终结果谁也无法准确预料。这就告诉我们，乘数效应不能生搬硬套，否则就会失之毫厘，谬以千里。

拉动效应：经济在于“拉动”

正确评估政府投资的拉动效应

随着政府投资拉动的效应持续减弱及对社会预期的刺激力度逐级削减，转型将逐步成为最关键的社会焦点。与此相关的市场预期，将直接决定市场的格局走向。

1. 政府投资拉动效应减弱

从长期来看，无论是国内还是国外，宽松政策和大量政府财政投资对经济的拉动效应都将逐步减弱。对于国外而言，由于财政空间的限制及宽松流动性的效应递减，政府投资的空间及影响力都不可能再起到明显作用。对于国内而言，压缩和规范地方融资平台都对直接针对市场的投资拉动预期起到打击作用。这往往意味着管理层的经济政策思路发生了根本变化，开始出现基本认知到单一投资拉动模式的缺陷，并出现明显的转向。

2. 市场认同感减弱

第二个关键问题是市场的认同感也在削弱，投资的不可持续性广受认同，这又反过来大大弱化和缩减了投资政策的效果。对市场心理来说，随着投资拉动不可持续性的认同感日趋强烈，资金投放和资金放松未必能获得市场的足够认同，反而会加大市场的担忧。最重要的是，这样会引发投资的带动效应减弱，对社会消费和民间投资的拉动效果越来越有限，市场反应也受到冲击。

3. 转型是社会关注的焦点

目前，市场更关注的不是经济数据和经济发展现状，而是经济能否成功迈入一条持续增长之路。机构和基金不认同的也并非仅仅是目前的经济数据有问题，而是对更长期的前景感到迷茫。在这种背景下，经济体制的转型就必然越来越受到市场关注。投资效应的衰减将导致市场对转型的认知从朦胧到逐渐明晰，并最终确认这才是促使整个市场格局反转的关键。

高速铁路带动沿线新投资

湖北咸宁经济开发区，一个仅有 12 平方千米的地方，却有着 60 多个投资项目在红红火火地开展着。为什么这样一个小地方会吸引那么多投资者的目光呢？原因很简单，用当地一位领导的话来说就是："正是由于武广高铁，一大批广州客商都在咸宁投资。现在，整个开发区 70% 以上都是外来投资者建设的。"

在武广高铁尚未开通运营时，广州与武汉就已开始研究并制定促进产业转移的政策措施，首批项目 24 个，总投资 117.6 亿元。中铁第四勘察设计院总工程师说，未来 3 ~ 5 年，通过高速铁路，武汉将建成一个辐射全国的大都市圈，以武汉为中心，5 小时内可到达的城市，几乎囊括大半个中国。总工程师夸大其词了吗？非也。

如今，放眼中国的南部，车马未动，粮草先行，粤港澳正向内陆腹地加紧产业转移，长株潭正加速融入珠三角经济圈，武汉城市圈的影响力也正沿江入海，一条“武广高铁经济带”已初具雏形。随着多条高速铁路客运专线开通运营，有了铁路来实现客货分线，货运能力必然得到极大释放。这将有效缓解铁路对煤炭、石油、粮食等重点物资运输的瓶颈制约，有效提高全国铁路网的整体运输能力，也有利于以更节能环保的方式降低整个社会的物流成本。

此外，个人异地投资者也开始紧盯高铁风向标。可以想象一下，当我们到达另一座城市的时间比横穿我们所在城市的时间还要短且所耗费成本更低时，我们自然会考虑异地投资。

现在，是否有高速铁路通达，已经成为异地投资者投资的重要考量指标，一些高铁沿线城市的经济联系与文化合作逐渐被重新定位，其区域经济格局也逐渐被改写。

第五章

决策学问

机会成本：鱼和熊掌不能兼得

有选择就有机会成本

在阳光明媚的午后，你好不容易处理完公司的财务报告，想喝杯下午茶休息一下，你可能会考虑甜点是选择豆沙糕还是巧克力薄饼。“豆沙糕还是巧克力薄饼”类似于“鱼与熊掌”，这种选择实际上就是一种机会成本的考虑。

如果你喜欢吃豆沙糕，也喜欢吃巧克力薄饼，在两者之间选择时，接受豆沙糕的机会成本是放弃巧克力薄饼。如果吃豆沙糕的收益是5，吃巧克力薄饼的收益是10。这样，吃豆沙糕的经济利润是负的，所以你会选择吃巧克力薄饼，而放弃豆沙糕。

机会成本广泛存在于生活中。一个有着多种兴趣的人在上大学时，会面临选择专业的难题；辛苦了5天，到了双休日，是出去郊游还是在家看电视剧；面对同一时间的面试机会，选择一家单位就不能去另一家单位……对于个人而言，机会成本往往是做出一项决策时放弃的东西，而且常常比预想中还多。

人生面临的选择何其多，人们无时无刻不在选择。比如，是继续工作还是先去吃饭，是在这家商店买衣服还是在那家商店买衣服，是买红色衣服还是黄色衣服，心中有个秘密是告诉朋友还是不告诉朋友，如果告诉又告诉哪些朋友……这些选择在生活中很常见。

机会成本越高，选择越困难，因为在心底，我们不愿放弃任何有益的选择。但是，有时必须“二选一”，甚至是“三选一”，这时，机会成本的考量就尤为重要。

赌博，赢不来幸福

皮皮一家的好日子在男主人失业后终止了。因为公司裁员，皮皮的男主人名列其中。下岗在家赋闲的男主人成天唉声叹气，但厄运还没结束，因为少了主要的经济来源，他们还不起贷款。不得已之下，男主人和女主人决定搬出这所房子，去找一个更小、更便宜的住所。

既然要节省开支，便无法养狗了。于是，他们将皮皮一家三口赶了出来。皮皮一家没有住处，只得到处流浪，一夜之间成了无家可归的流浪狗。

那段日子，皮皮总是吃了上顿没下顿。一天，正当皮皮饿着肚皮睡觉时，爸爸忽然兴奋地走过来，嘴里叼着一大块排骨。闻到肉香，皮皮一跃而起。它问爸爸：“这肉是从哪儿来的?”

“赌博赢来的。”爸爸的话让皮皮吃了一惊。

“村头有赛狗的，每天一场，谁赢了，谁就能赢得一大块排骨。”皮皮爸爸解释道。皮皮知道，所谓的赛狗就是抽签决定两条狗进入围场殴斗，决出胜负。

皮皮担忧地说：“但是，万一你被抽中和一条大狗比赛，你会输得很惨的。”

爸爸不以为然：“放心，我已找到规律了。只要我把自己的签放到最后，被抽中的对手总是弱小的狗。”

妈妈也表示赞同：“这倒是好办法，以后我和皮皮就不用挨饿了。”

赌博中取得胜利的概率十分小，这就好像经济学中常说的机会成本一样。纯粹的赌博是不存在理性上的投资收益的，只不过是数学里的离散游戏而已，是概率论和经济博弈论的运用，每一次赌博的赢输概率都是一样的。

赌博能赚到钱吗？看似非常简单的逻辑，许多人却常常栽在其中。赌徒在输钱后，总是想翻本。输掉的钱就是沉没成本，它不可能再收回来，新的“选择”是还要不要继续赌下一盘，再赌下一盘的收益风险是多少，这便是机会成本。我们做出一个选择后丧失的是不作这个选择而可能获得的最大利益。

皮皮的爸爸将自己的签放到最底层，的确被抽中的概率不大，但不是完全没有可能。皮皮的爸爸和弱势的狗殴斗，每天可领取一块排骨，这份利润的确可观。但如果被抽中与强悍的狗殴斗，它势必会落败，一天一块排骨的收益就没有了，还有可能丧命。皮皮爸爸的这种行为便可理解为机会成本。

经济学家对此的理解便是皮皮的爸爸用自己的性命在做赌注，以赢取那一块排骨，这实际上是亏损的。果然，没过几天，皮皮担心的事就发生了。

那天，爸爸又去赛狗，一直到晚上，它才一瘸一拐地回来。原来，那天它一去就被抽中。等它上台后，才发现对手又高又壮，是一条猎犬。皮皮爸爸只得硬着头皮打下去，被猎犬打得伤痕累累。

“我早就说过，你会被大狗打得遍体鳞伤的。”皮皮心疼地说。

爸爸叹气道：“我以为他们不会将两张连在一起的号码抽出来，没想到他们还真这样做了。”

皮皮想，以后做选择一定要慎重，这种赌徒心态是要不得的。

毫不夸张地说，任何赌博都不存在长期投资必然盈利的可能性，否则那些华尔街金融投资家早就进入了。因为这些赌博都不符合经济学的条件，所以妄图靠赌博来一夜暴富是不可取的。很多人就是走入这个误区，最后倾家荡产。

有时候，我们总是忽视对机会成本的计算，机会成本其实揭示了资源稀缺与选择多样化之间的关系。我们必须做出选择，因为不能将所有资源都占到。当只能选择部分资源时，机会成本便成了约束我们的概念。

羊群效应：别被潮流牵着鼻子走

有种选择叫“跟风”

喝惯绿茶、橙汁、果汁的人如今有了新的选择，一些功能性饮品纷纷上市。这些饮料并不是由传统的食品、饮料企业推出的，生产它们的是药企。

这些功能性饮料的显著特点是，除了饮料所共有的为人体补充水分的功能外，还有别的的功能，如去火、瘦身。伴随着“尽情享受生活，怕上火，喝王老吉”这句时尚、动感的广告词，“王老吉”一路走红，大举进军全国市场。“王老吉”最初流行于南方，北方人并没有喝凉茶的传统。但是，王老吉药业巧妙地借助人人皆知的中医理念，把“王老吉”打造成预防上火的必备饮料。淡淡的药味，独特的清凉去火功能，令其从众多只能解渴的茶饮料、果汁饮料、碳酸饮料中脱颖而出。酷热的夏天，加上人们对川菜的喜爱，给了消费者预防上火的理由，也给了人们选择“王老吉”的理由。

专家提醒广大消费者，要理性消费不跟风。凉茶这种饮料并非老少皆宜，脾胃虚寒者及糖尿病患者不宜饮用。脾胃虚寒的人饮用后会引起胃寒、胃部不适症状，糖尿病患者饮用后会导致血糖升高。可见，功能性饮料并不适合所有人群。

这也提醒我们，在消费的同时不要盲目跟风，要做到理性消费。经济学上有个名词叫“羊群效应”，是说在一个集体里人们往往会盲目从众，在集体的运动中丧失独立的判断。

在一群羊前面横放一根木棍，第一只羊跳了过去，第二只、第三只也会跟着跳过去。这时，把那根棍子撤走，后面的羊走到这里，仍然像前面的羊一样，向上跳一下，这就是“羊群效应”，也称“从众心理”。羊群是一个散乱的组织，平时在一起也是盲目地左冲右撞。一旦有一只头羊动起来，其他的羊也会不假思索地一哄而上，全然不顾前面可能有狼或者不远处有更好的草。

因此，“羊群效应”就是比喻人的一种从众心理。从众心理很容易导致盲从，盲从往往会使你陷入骗局或遭到失败。

“羊群效应”告诉我们，许多时候，并不是谚语说的那样——“群众的眼睛是雪亮的”。在市场中的普通大众往往容易丧失基本判断力，喜欢凑热闹、人云亦云。有时候，群众的目光还投向资讯媒体，希望从中得到判断的依据。但是，媒体人也是普通群众，不是你的眼睛。所以，收集信息并敏锐判断，是让人们减少盲从行为，更多地运用理性思维的最好方法。

赢在自己，做一个特立独行的人

老猎人圣地亚哥最喜欢听狼嚎的声音。在月明星稀的深夜，狼群发出一声声凄厉、哀婉的嚎叫，老人经常为此泪流满面。他认为那是来自天堂的声音，因为那种声音总能震撼人们的心灵，让人们感受到生命的存在。

老人说："我认识这个草原上所有的狼群，但并不是通过形体来区分它们，而是通过声音——狼群在夜晚的嚎叫。每个狼群都是一个优秀的合唱团，并且它们都有各自的特点以区别于其他狼群。在许多人看来，狼群的嚎叫并没有区别，可我的确听出了不同狼群的不同声音。"

狼群在白天或捕猎时很少发出声音，它们喜欢在夜晚仰着头对着天空嚎叫。对于狼群的嚎叫，许多动物学家进行过研究，但不能确定嚎叫的意义。也许是对生命孤独的感慨，也许是通过嚎叫表明自身的存在，也许仅仅是在深情歌唱。

在一个狼群内部，每匹狼都具有独特的声音，这声音与群体内其他成员的声音不同。狼群虽然有严格的等级制度，也是最注重整体的物种，但这丝毫不妨碍它们个性的发展和展示，即使是具有最大权力的阿尔法狼，也没有权力去要求其他的狼模仿自己的声音和行为，每一匹狼都掌握自己的命运，保留自己的独立个性。同样，就投资而言，每个人的未来终归掌握在自己手里。

我们要时刻保持警惕，时刻保持自己的个性，时刻保持自己的创造性，自己把握自己的未来。

20世纪50年代，斯图尔特只是华盛顿一家公司的小职员。一次，他看了一部表现非洲生活的电影，发现非洲人喜爱戴首饰，就萌发了做首饰生意的念头。他借了几千美元，独自闯荡非洲。经过几年努力，他的生意已做到了使人眼红的地步，世界各地的商人纷纷赶到非洲抢做首饰生意。面对众多竞争者，斯图尔特拱手相让，从首饰生意中走出来，另辟财路。斯图尔特的成功就是靠“独立创意”这一制胜要诀，这是他善于观察、善于思考的结果。

要想有独立的创意，就不要人云亦云，一定要培养独立思考的能力。

沉没成本：难以割舍已经失去的，只会失去更多

别在“失去”上徘徊

阿根廷高尔夫球运动员罗伯特·德·温森在面对失去时，表现得非常令人钦佩。一次，温森赢得一场球赛，拿到奖金支票后，正准备驱车回俱乐部。就在这时，一个年轻女子悲痛地向温森表示，自己的孩子得了重病，因为无钱医治正面临死亡。温森二话没说，在支票上签上名字，送给年轻女子，并祝福她的孩子早日康复。

一周后，温森的朋友告诉温森，那个向他要钱的女子是个骗子。温森惊奇地问道：“你敢肯定根本没有一个孩子病得快要死了这回事?”朋友做了肯定的回答。温森长长出了一口气：“这真是我一个星期以来听到的最好的消息。”

温森的支票对于他而言是已经付出的不可回收的成本，他以博大的胸怀坦然面对自己的“失”，这是一种对待沉没成本的正确态度。

如果你预订了一张电影票，已经付了票款而且不能退票，但看了

一半之后觉得很不好看，你该怎么办？这时有两种选择：忍受着看完，或退场去做别的事情。

两种情况下你都已经付钱，所以不应再考虑钱的事。当前要做的决定不是后悔买票了，而是决定是否继续看这部电影。因为票已经买了，后悔已于事无补，应该以看免费电影的心态来决定是否再看下去。

从理性的角度说，沉没成本是不应影响决策的，不管你是不是继续看电影，你的钱已花出去了。作为理性的决策者，你应仅仅考虑将来要发生的成本（如需要忍受的狂风暴雨）和收益（看电影带来的快乐）。

我们应该承认现实，把已经无法改变的“错误”视为昨天经营人生的坏账损失和沉没成本，以全新的面貌面对今天，这才是健康的、快乐的人生态度。

忘记沉没成本，向前看

皮皮和爸爸最近住在一户人家的花园里。那家人很热情，他们9岁的儿子很喜欢狗，除了皮皮和爸爸，花园里还有一只可爱的小狼狗。主人常给小狼狗洗澡，带它晒太阳。

有一天，皮皮听到一阵惨叫，发现小狼狗被隔壁的大狗咬死了。皮皮大叫，主人和他9岁的儿子赶紧出门。主人的儿子十分伤心，拿着棍子就去打那条大狗。

主人却把他抱住：“既然狼狗已经死了，就不要再伤害另一条狗了。我相信，它也不是故意的。”

满脸泪痕的小孩被主人带进了屋，皮皮不满意了：“这个男主人真是冷血，自己的宠物被咬死了，也不报仇，真没感情。”

皮皮爸爸说：“就算把那条大狗杀死，这条小狼狗也不可能复活，这样的沉没成本何必让它再增加呢?”

皮皮摇头表示不明白。

皮皮爸爸接着启发他：“好比一盆水被泼在地上，你再努力也不可能把它收回来，所以不如放弃。这就是已经成为定局的沉没成本。”

皮皮似懂非懂。

覆水难收比喻一切都已成为定局，不能更改。在经济学中，我们引入“沉没成本”的概念，代指已经付出且不可收回的成本。就好比小狼狗被大狗咬死已成定局，再打死大狗也无法挽回，却还要赔偿那家主人，此刻就不能冲动。

每一次选择都要付出行动，每一次行动都要投入。不管前期所做的投入能否收回、是否有价值，在做出下一个选择时，不可避免地会考虑这些。最终，前期的投入就像坚固的铁链，把我们牢牢锁在原来的道路上，无法做出新的选择，而且投入越大，我们被锁得越结实。可以说，沉没成本是路径依赖现象产生的主要原因。

总之，对于沉没成本不需要计较太多，就像覆水难收，过去的就让它过去。这其实也是一种乐观主义精神。

“最大笨蛋”理论：你会成为那个最大的傻瓜吗

没有最笨，只有更笨

1908～1914年，经济学家凯恩斯拼命赚钱，他什么课都讲。凯恩斯获得的评价是“一架按小时出售经济学的机器”。凯恩斯之所以如此玩命，是为了日后能自由并专心地从事学术研究以免受到金钱的困扰。然而，仅靠讲课又能积攒几个钱呢？

终于，凯恩斯醒悟了。1919年8月，凯恩斯借了几千英镑进行远期外汇投机。4个月后，净赚1万多英镑，这相当于他讲10年课的收入。

投机生意赚钱容易，赔钱也容易。投机者往往有这样的经历，开始那一跳往往有惊无险，钱就莫名其妙进了腰包，飘飘然之际又倏忽掉进万丈深渊。又过了3个月，凯恩斯把赚到的钱和借来的本金亏了个精光。投机与赌博一样，人们往往有这样的心理：一定要把输掉的再赢回来。半年之后，凯恩斯又涉足棉花期货交易，狂赌一通大获成功，从此一发不可收拾，把期货品种做了个遍。他还嫌不够刺激，又去炒股票。到 1937 年，凯恩斯因病金盆洗手之际，他已积攒了一生享用不完的巨额财富。与一般赌徒不同，他给后人留下了极富解释力的“赔经”——“最大笨蛋”理论。

凯恩斯曾举例说，从 100 张照片中选择你认为最漂亮的脸蛋，选中有奖，当然最终是由最高票数来决定哪张脸蛋最漂亮。正确的做法不是选自己认为最漂亮的那张脸蛋，而是猜多数人会选谁就投她一票，哪怕她丑得不堪入目。

凯恩斯的“最大笨蛋”理论又叫博傻理论。你之所以完全不管某个东西的真实价值，即使它一文不值，你也愿意花高价买下，是因为你预期有一个更大的笨蛋，会花更高的价格，从你那儿把它买走。投机行为的关键是判断有无比自己更大的笨蛋，只要自己不是最大的笨蛋，结果就是赢多赢少的问题。如果再也找不到愿出更高价格的更大笨蛋把它从你那儿买走，你就是最大的笨蛋。

投资者的目的不是犯错，而是期待更大的笨蛋替代自己，并从中得到好处。没有人想当最大笨蛋，但不懂如何投机的投资者，往往就成为最大笨蛋。如何才能避免做最大笨蛋呢？只要具备对别人心理的准确猜测和判断能力，在别人“看涨”之前投资、在别人“看跌”之前撤手，自己永远也不会成为最大的笨蛋。

别做最后一个笨蛋

“最大笨蛋”理论认为，股票市场上的投资者根本就不在乎股票的理论价格和内在价值，他们购入股票，只是因为他们相信将来会有更傻的人以更高的价格从他们手中接过“烫山芋”。支持博傻理论的基础是投资大众对未来判定的不一致和判定的不同步。对于任何部分或总体消息，总有人过于乐观，也总有人趋向悲观；有人过早采取行动，也有人行动迟缓。这些判定的差异导致整体行为出现差异，并激发市场自身的激励系统，导致博傻现象的出现。

最漂亮“博傻理论”所要揭示的就是投机行为背后的动机，投机行为的关键是判断“有没有比自己更大的笨蛋”。只要自己不是最大的笨蛋，自己就一定是赢家，只是赢多赢少的问题；如果没有一个愿意出更高价格的更大笨蛋来做“下家”，你就成了最大的笨蛋。

在期货与股票市场上，人们遵循的也是这个策略。许多人在高价位买进股票，等行情上涨到有利可图时迅速卖出，这种操作策略通常被市场称为傻瓜赢傻瓜，只在股市处于上升行情中适用。从理论上讲，博傻也有合理的一面，即高价之上还有高价、低价之下还有低价，其游戏规则就像接力棒，只要不是接最后一棒都有利可图，做多者有利润可赚，做空者减少损失，只有接到最后一棒者倒霉。

20 世纪 80 年代后期，日本房地产价格暴涨。1986 ~ 1989 年，日本的房价整整涨了 2 倍。这让日本人发现炒股票和炒房地产来钱更快，纷纷拿出积蓄进行投机。他们知道房子不值那么多钱，但期待有更大的笨蛋出现。到了 1993 年，最大的笨蛋出现了，国土面积相当于美国加利福尼亚州的日本，其地价市值总额竟相当于整个美国地价总额的 4 倍。这些最大笨蛋只能跳楼来解脱了。

博傻理论告诉人们最重要的道理是在这个世界上，别做最后一个智力障碍者。

消费者剩余效应：在花钱中学会省钱

愿意支付 VS 实际支付

在南北朝时，有个叫吕僧珍的人，世代居住在广陵地区。他为人正直，很有智谋和胆略，受到人们的尊敬和爱戴。有一个名叫宋季雅的官员，被罢官后，由于仰慕吕僧珍的人品，特地买下吕僧珍宅子旁的一幢普通房子，与吕为邻。一天，吕僧珍问宋季雅："你花多少钱买这幢房子？"宋季雅回答："1100 金。"吕僧珍大吃一惊："怎么这么贵?"宋季雅笑着回答："我用 100 金买房屋，用 1000 金买个好邻居。"

这就是"千金买邻"的典故。"1100 金"的价钱买一幢普通的房子，一般人不会做出如此选择，但宋季雅认为很值得，因为其中的"1000 金"是专门用来"买邻"的。

消费者在买东西时对所购买的物品有一种主观评价，这种主观评价表现为他愿意为这种物品支付的最高价格，即需求价格。这种需求价格主要有两个决定因素：一是消费者满足程度的高低，即效用大小；二是与其他同类物品带来的效用和价格的比较。

在一场小型拍卖会上，有一张绝版的专辑在拍卖。小秦、小文、老李、阿俊同时出现，都想拥有这张专辑，但为此付出的价格都有限。小秦的支付意愿为100元，小文为80元，老李愿意出70元，阿俊只想出50元。

拍卖会开始了，拍卖者首先将最低价格定为20元。由于每个人都非常想要这张专辑，并且每个人愿意出的价格远远高于20元，于是价格很快上升。当价格高于50元时，阿俊不再参与竞拍。当专辑价格提升为70元时，老李退出竞拍。最后，当小秦愿意出81元时，竞拍结束，因为小文不愿意以高于80元的价格购买这张专辑。

小秦究竟从这张专辑中得到什么利益呢？小秦愿意为这张专辑支付100元，但他最终只为此支付81元，比预期节省19元。这19元就是小秦的消费者剩余。

消费者剩余是指消费者购买某种商品时，所愿支付的价格与实际支付的价格之间的差额。对于一个正处于饥饿状态的人来说，他愿意花8元买一个馒头，而馒头的实际价格是1元，则他愿意为一个馒头支付的最高价格和馒头的实际市场价格之间的差额是7元，这7元就是他获得的消费者剩余的量。

在市场经济中，很多商家为了赚取更多的利润，会尽量让消费者剩余成为正数，于是采取薄利多销的销售策略，吸引更多的消费者购买商品。但我们会发现非常奇怪的现象，你在高档的精品屋里打折买来的东西，却与普通商场中不打折时的价格差不多，因为你被商家打折的手法诱惑了，你获得的过多的消费者剩余只是心理满足，而付出的是真金白银。

不上“一口价”的当，省不省先“砍”一下再说

消费者想买实惠，销售者想赚实利；消费者想砍低价钱，销售者则想方设法抬高价格且不让消费者看出来。有些商家为了使消费者不好砍价，就与厂家联合起来在商品标签上大做文章，故意标上“全国统一零售价”“销售指导价”等字样，或者自行张贴“一口价”“不还价”等店堂声明。很多消费者以为其所售商品真就不能砍价，结果“一口价”买的却是“忽悠价”。

在网上购物时，经常会遇到一口价商品。但不要认为标明一口价就不能议价了，这只是障眼法。不要上“一口价”的当，看商品谈价钱，能砍则砍，不能砍，可以要求卖家通过其他方式降低价格，如免邮费、化零为整等。

一口价的陷阱不仅体现在虚假的报价上，还经常打着特价商品的旗号来迷惑消费者。

年关将至，某品牌皮鞋店打出“店庆十周年，特价大酬宾”的宣传条幅，活动期间所有商品“一口价”甩卖，数量有限，先到先得。冲着该品牌及价位，许先生花了 130 元购买一双男式休闲皮鞋，穿了不到一个礼拜，鞋底就裂开了。许先生带着这双皮鞋和购物发票到商店要求退货或更换。商家当场予以拒绝，特价商品无三包，既然是特价就说明商品本身质量有问题，要不也不会这么便宜。面对商家冠冕堂皇的解释，许先生只能自认倒霉。

“一口价”“全市最低价”，在这些诱人的广告宣传语下，消费者不要自认为占了大便宜，很有可能你已跌进商家设下的陷阱里。面对一口价，要么将“砍”进行到底，要么横眉冷对之。

前景理论："患得患失"是一种纠结

面对获得与失去时的心理纠结

有个心理学实验：假设你得了一种病，有十万分之一的可能性会突然死亡。现在有一种吃了以后可以把死亡可能性降到 0 的药，你愿意花多少钱买呢？或者假定你身体很健康，医药公司想找一些人测试新研制的一种药品，这种药用后会使你有十万分之一的概率突然死亡，医药公司起码要付多少钱你才愿意试用这种药呢？

实验中，人们在第二种情况下索取的金额要远远高于第一种情况下愿意支付的金额。这并不矛盾，因为正常人都会做出这样的选择。但仔细想想，人们的这种决策是相互矛盾的。第一种情况下是你在考虑花多少钱消除十万分之一的死亡率，买回健康；第二种情况是你要求得到多少补偿才肯出卖健康，换来十万分之一的死亡率。两者都是十万分之一的死亡率和金钱的权衡，是等价的，客观上讲，人们的回答也应没有区别。

对于绝大多数人来说，失去一件东西时的痛苦程度比得到同样一件东西所经历的高兴程度要大。对于理性的人来说，对“得失”的态度反映了理性的悖论。由于人们倾向于对“失”表现出更大的敏感性，往往在做决定时会因为不能及时换位思考而做出错误的选择。

在生活中，人们由于有限理性而对“得失”的判断屡屡失误，成了“理性的傻瓜”。

工人体育场将上演一场由众多明星参加的演唱会，票价很高，需要800元，这是你梦寐以求的演唱会，机会不容错过，因此很早就买到演唱会的门票。演唱会的晚上，你正兴冲冲地准备出门，却发现门票没了。要想参加这场音乐会，必须重新掏一次腰包，你会再买一次门票吗？假设另一种情况，同样是这场演唱会，票价也是800元。但这次你没有提前买票，你打算到了工人体育场后再买。刚要从家里出发时，你发现买票的800元弄丢了。这个时候，你还会再花800元去买演唱会的门票吗？

与在第一种情况下选择再买演唱会门票的人相比，在第二种情况下选择仍旧购买演唱会门票的人绝对不会少。同样是损失800元，为什么两种情况下会有截然不同的选择呢？对于理性人来说，他们的理性是有限的。在他们心里，对每一枚硬币并不是一视同仁的，而是视它们来自何方、去往何处而采取不同的态度。这其实是一种非理性的思考。

前景理论告诉我们，在面临获得与失去时，一定要以理性的视角去认识和分析风险，从而做出正确的选择。

把握好风险尺度，别错失良机

有一年，但维尔地区经济萧条，不少工厂和商店纷纷倒闭，被迫贱价抛售堆积如山的存货，价钱低到 1 美元可以买到 100 双袜子。

那时，约翰·甘布士还是一家纺织厂的小技师。他把自己积蓄的钱用于收购低价货物，人们都嘲笑他是个蠢材。约翰·甘布士对别人的嘲笑漠然置之，依旧收购各工厂和商店抛售的货物，并租了很大的货仓来存货。

妻子劝他说，不要买这些别人廉价抛售的东西，因为他们历年积蓄下来的钱数量有限，而且是准备用作子女学费的，如果此举血本无归，后果不堪设想。

甘布士安慰她道："3 个月后，我们就可以靠这些廉价货物发大财了。"

过了 10 多天，那些工厂即使贱价抛售也找不到买主了，便把所有存货用车运走烧掉，以此稳定市场上的物价。

妻子看到别人已在焚烧货物，不由得焦急万分，便抱怨甘布士。对于妻子的抱怨，甘布士一言不发。

终于，美国政府采取紧急行动，稳定了但维尔地区的物价，并大力支持那里的厂商复业。

这时，但维尔地区因焚烧的货物过多，存货欠缺，物价一天天飞涨。约翰·甘布士把库存的大量货物抛售出去，一来赚了一大笔钱，二来使市场物价得以稳定。

在他决定抛售货物时，妻子又劝他暂时不要把货物出售，因为物价还在一天一天飞涨。

他平静地说："是抛售的时候了，再拖延一段时间，就会追悔莫及。"

果然，甘布士的存货刚刚售完，物价便跌了下来。妻子对他的远见钦佩不已。后来，甘布士用这笔赚来的钱开设5家百货商店，成为全美举足轻重的商业巨子。

冒险具有一定的危险性，抓住机遇很不容易，并不是每个人想做就能做到的。正因为如此，冒险才显得重要，冒险才有冒险的价值。冒险的目的不是为了找刺激，避免盲目冒险，才能真正抓住风险中的商机。

第六章

管理原理

二八法则：抓住起主宰作用的“关键”

无所不在的二八法则

理查德·科克在牛津大学读书时，学长告诉他千万不要上课：“要尽可能做得快，没有必要把一本书从头到尾全部读完，除非你是为了享受读书本身的乐趣。在你读书时，应该领悟这本书的精髓，这比读完整本书有价值得多。”这位学长的意思是，一本书 80% 的价值在 20% 的页数中就已阐明了，只要看完整本书的 20% 就可以了。

理查德·科克很喜欢这种学习方法，一直将其沿用下去。牛津并没有一个连续的评分系统，课程结束时的期末考试就足以裁定一个学生在学校的成绩。他发现，如果分析过去的考试试题，会发现把所学到与课程有关的知识的 20%，甚至更少，准备充分，就有把握回答好试卷中 80% 的题目。这就是为什么专精于一小部分内容的学生可以给主考人留下深刻的印象，而那些什么都知道一点但没有一门精通的学生却考不出好成绩。这个心得让他不用披星戴月、终日辛苦地学习，但依然取得很好的成绩。

理查德·科克到壳牌石油公司后，在炼油厂工作。他很快就意识到，像他这种既年轻又没有什么经验的人，最好的工作也许是咨询业。所以，他去了费城，并轻松地获取 Wharton 工商管理的硕士学位，随后加盟一家顶尖的美国咨询公司。第一个月，他领到的薪水是在壳牌石油公司的 4 倍。

在这里，理查德·科克发现了许多运用二八法则的实例。咨询行业 80% 的成长，几乎全部来自专业人员不到 20% 的公司，而 80% 的快速升职只有在小公司里才有——有没有才能根本不是主要问题。

当理查德·科克离开第一家咨询公司，跳槽到第二家时，他惊奇地发现，新同事比以前公司的同事更有效率。新同事并没有更卖力地工作，但他们充分利用了二八法则。他们明白，80% 的利润是由 20% 的客户带来的，这条规律对大部分公司都行之有效。这个规律意味着两个重大信息：关注大客户和长期客户。大客户所给的任务大，这表示你更有机会运用更年轻的咨询人员；长期客户的关系造就依赖性，因为如果他们要换另外一家咨询公司，就会增加成本，而且长期客户通常不在意价钱问题。

对大部分的咨询公司而言，争取新客户是重点工作，但在他的新公司里，尽可能与现有的大客户维持长久关系才是明智之举。

二八法则无论是对企业家、商人还是电脑爱好者、技术工程师和其他任何人，意义都十分重大。这条法则能促进企业提高效率，增加收益；能帮助个人和企业以最短时间获得更多利润；能让每个人的生活更有效率、更快乐；它还是企业降低服务成本、提升服务质量的关键。

二八法则的运用

微软的创始人比尔·盖茨曾开玩笑说，谁要是挖走了微软最重要的约占20%的几十名员工，微软可能就完了。这里，盖茨告诉我们一个秘密：一个企业持续成长的前提，就是留住关键人才，因为关键人才是企业最重要的战略资源，是企业价值的主要创造者。

留住你的关键人才，因为关键人才的流失对一个企业来讲是致命的。在任何时候，你都要和他们保持良好的沟通。这种沟通不仅是物质上的，更是心理上的，让他们觉得自己在公司具有举足轻重的地位。如果他们感觉到老板对自己的赏识，心中会升华出责任感，愿意与公司共进退。

一家西方知名公司的首席执行官刚刚实行一项革命性的举措——部门经理每季度提交关于那些有影响力、需要加以肯定的职员的报告。这位首席执行官与他们交谈，感谢他们的贡献，并就公司如何提高效率向他们征求意见。通过这一举措，这位首席执行官不仅留住了关键人才，还得到他们对公司的持续发展提供的大量建议。

要仔细分析关键人才在什么情况下业绩最佳，在那段时间内，他们是如何工作的。即使是关键人才，他的业绩也不是每个季度、每个月都一样。根据二八法则，找出他们创造80%的业绩的20%的工作时间，来分析他们在那段时间内创造佳绩的原因。

让关键人才来训练你打算留下来的人员，经过一个阶段之后，只保留表现最好的20%，把80%的训练计划和精力放在他们身上，力争他们也成为关键人才。这样，整个公司的业绩就上升了。

一位管理学者说：“成功的人若分析自己成功的原因，就会发现二八法则在成功的道路上发挥了巨大作用。80% 的成长、获利和发展，来自 20% 的客人。公司至少应知道这 20% 是谁，才可能清楚看到未来成长的前景。”

在公司管理中，要运用二八法则来调整管理的策略，就要首先清楚掌握公司在哪些方面是盈利的、哪些方面是亏损的，制定出有利于公司发展的策略。如果是一笔糊涂账，就无从谈起二八法则的运用。所以，首要的任务是对公司做全面的分析，细心检查公司里的每个细微环节，理出那些能带来利润的部分，从而制定出一套有利于公司成长的策略。

犯人船理论：制度比人治更有效

没有规矩，不成方圆

18 世纪，英国政府为了开发新占领的殖民地——澳大利亚，决定将已判刑的囚犯运往此地。从英国到澳大利亚的船运工作由私人船主承包，政府支付长途运输费用。据英国历史学家查理·巴特森写的《犯人船》记载，1790～1792 年，私人船主运送犯人到澳大利亚的 26 艘船共 4082 人，死亡 498 人。其中有一艘名为“海神”号的船，424 个犯人死了 158 人。英国政府不仅经济损失巨大，而且受到社会的强烈谴责。

对此，英国政府实施了一种新制度。政府不再按上船时运送的囚犯人数支付船主费用，而是按下船时实际到达澳大利亚的囚犯人数付费。据《犯人船》记载，1793 年，3 艘新制度下航行的船到达澳大利亚后，422 名罪犯只有 1 人死于途中。此后，英国政府对这些制度继续改进，如果罪犯健康良好还给船主发奖金。这样，运往澳大利亚罪犯的死亡率明显下降。

如果按常规思维寻找对策，一般可列举出两种：一是对船主进行道德说教，寄希望于私人船主良心发现，为囚犯创造更好的生活条件；二是政府进行干预，强迫私人船主改进运输方法。但两种做法都有实施难度，同时效果甚微。新的制度却既可以顺应船主牟利的需求，也使得犯人平安到达目的地。

这就是制度的作用。一个好的制度一方面可以避免人们在经济生活中的盲目性，形成统一的管理和流程，人们只需按照相应的规定行事即可；另一方面，能规避机会主义行为。

制度的最大受益者是遵循制度的人

合理的制度确实可以对不规范的行为起到良好的约束与引导作用。阿里巴巴集团创办的支付宝，在电子商务一度遭受信用质疑时横空出世，化繁为简，填补了中国金融业在电子商务领域的空白，让每个消费者都可以放心地进行网上交易。支付宝取得成功的原因就在于取得消费者的信任，而它之所以能取得信任，就在于通过严格的制度，规范了网上交易的程序，买主和卖主的权益都得到最大程度的保障。

无论是公司的制度，还是国家的制度，跟每个人都有紧密关系。虽然“犯人船理论”最初是源自对犯人的约束，但最终每一个守规矩的人都是制度最大的受益者。

公平理论：绝对公平是乌托邦

绝对的公平根本不存在

1965 年，美国心理学家约翰·斯塔希·亚当斯提出“公平理论”。该理论认为，人能否受到激励，不但由他们得到什么而定，还要由他们所得与别人所得是否公平而定。

下面，一起来看古代《百喻经》里的一个“二子分财”的例子：

古印度有个习俗，父母死后要为子女留下财产，而子女之间要平分财产。有一位富商，晚年得了重病，便告诉儿子们要平分财产。两个儿子遵照他的遗言，在他死后，提出各种平分财产的方案。可无论哪个方案，兄弟二人都不能同时满意。

就在他们发愁时，有一个愚蠢的老人对两兄弟说：“我教你们分财物的办法，一定能分得公平，就是把所有东西都破开成两份。衣裳从中间撕开，盘子、瓶子从中间敲开，盆子、缸子从中间打开，钱也锯开，这样一切都是一人一半。”兄弟二人顿然醒悟，总算找到平分遗产的方法了。但当他们按这样的方法分完遗产，才发现所有的东西都不能用了……

绝对的公平是不存在的。如果完全都按照数量上的平等来分，就会出现这种笑话。所以，效率和公平要兼顾。

公平与否的判定受到个人的知识、修养的影响，再加上社会文化的差异，以及评判公平的标准、绩效的评定的不同等，在不同的社会中，人们对公平的观念也不同。面对不公平待遇时，为了消除不安，人们选择的反应行为大致相同，或者通过自我解释达到自我安慰，主观上造成公平的假象；或者更换比较对象，以获得主观上的公平；或者采取一定行为，改变自己或他人的得失状况；或者发泄怨气，制造矛盾；或者选择暂时忍耐或逃避。

寻找公平与效率之间的完美平衡点

在经济学上，公平与效率是永久的话题，很多人认为两者不可兼得，要么牺牲效率，获得相对的更加公平；要么牺牲公平，去追求更大的效率。事实就是这样，最公平的方案不一定就是最有效的。

两个孩子得到一个橙子，但在分配问题上不能统一。两个人吵来吵去，最终达成一致意见，由一个孩子负责切橙子，另一个孩子选橙子。最后，这两个孩子按照商定的办法各自取得一半橙子。其中一个孩子把半个橙子拿到家，把橙子皮剥掉扔进垃圾桶，把果肉放到果汁机里榨果汁喝。另一个孩子把果肉挖掉扔进垃圾桶，把橙子皮留下来磨碎了，混在面粉里烤蛋糕吃。

两个“聪明”的孩子想到了一个公平的方法来分橙子：如果切橙子的孩子不能将橙子尽量分成均等两半，另一个孩子肯定会选择较大的一块，这就迫使他要均匀分配，否则吃亏的就是自己。这似乎是一个“完美”的公平方案，结果双方也都满意。然而，他们各自得到的东西却未能物尽其用，这个公平的方案并没有让双方的资源利用效率达到最优。

如果将橙子果肉掏出，全部给需要榨果汁的小孩，把橙皮全部留给需要橙皮烤蛋糕的小孩，这样就避免了果肉和果皮的浪费，达到了资源利用的最大化。但对两个小孩来说，这样的方案他们会觉得不公平而拒绝接受。许多公司为了避免员工的不公平心理对工作效率造成影响，都对员工工资采取保密措施，使员工相互不了解彼此的收入，无法进行比较。其实，若想要规避不公平心理的负面效应，不但要公开大家的付出与所得，还需要建立合理的工作激励机制，以及公正的奖罚制度，并严格执行。

事实上，要提高效率，难免就会存在不平等。要实现平等，往往要以牺牲效率为代价。世上没有绝对的公平，公平永远是相对的。对于个人来说，不要刻意去为点滴的不公而大动干戈，也不要为过于追求效率而无视施加于大家头上的不平等。一个优秀的团体总能做到效率与公平的兼顾，并知道何时需要注重公平、何时需更注重效率。一个聪明的人在处理事务时，也总会在公平与效率之间找到完美的平衡。

鲇鱼效应：让外来“鲇鱼”助你越游越快

鲇鱼效应就是一种负激励

挪威人喜欢吃沙丁鱼，尤其是活鱼，市场上活沙丁鱼的价格要比死鱼高许多，渔民总是千方百计地想让沙丁鱼活着回到渔港。经过种种努力，绝大部分沙丁鱼还是在中途因窒息而死亡。但有一条渔船总能让大部分沙丁鱼活着。船长严格保守秘密，直到去世，谜底才揭开，原来是船长在装满沙丁鱼的鱼槽里放进一条鲇鱼。鲇鱼进入鱼槽后，便四处游动，沙丁鱼十分紧张，左冲右突，四处躲避，加速游动。这样一来，一条条沙丁鱼活蹦乱跳地回到渔港。

这就是“鲇鱼效应”，即采取一种手段或措施，刺激一些企业活跃起来，投入市场中积极参与竞争，从而激活市场中的同行业企业。其实质是一种负激励，是激活员工队伍的奥秘。

比如，一个企业内部人员长期固定，就会缺乏活力与新鲜感，容易产生惰性，影响生产效率。对企业而言，将“鲇鱼”加进来，会制造紧张气氛。当员工看见周围多了竞争对手时，便会有紧迫感，觉得自己应该加快步伐，否则就会被挤掉。这样一来，企业又能焕发出旺盛的活力了。

同样，如果一个人长期待在一种工作环境中反复从事同样的工作，很容易滋生厌倦、疲惰等负面情绪，导致工作绩效明显降低。长此以往，就掉入职业倦怠的旋涡。“鲇鱼”的加入，会使人产生竞争感，促进职业能力成长和保持对工作的热情，这样就容易获得职业发展的成功。

适度的压力有利于保持良好的状态，有助于挖掘人的潜能，提高工作效率。运动员临近比赛时，一定要将自己调整到能感觉到适度的压力，让自己兴奋的最佳竞技状态。如果不紧张、没压力感，则不利于出成绩。可见，适度的压力对挖掘内在潜力资源是有正面意义的。

适度的压力是必要的，但若压力过度，不仅不会消除厌倦慵懒的情绪，反而会激发无助、绝望等更为负面的情绪，从而使状况恶化，这就好比将许多鲇鱼放入沙丁鱼鱼槽中。鲇鱼是食鱼动物，加入一条鲇鱼会给沙丁鱼带来压力，发生“鲇鱼效应”；如果放入大量鲇鱼，不但不能给沙丁鱼带来游动的动力，反而给它们带来灾难。

对于企业中的个人来说，“鲇鱼”可能是位奖罚分明、雷厉风行的领导，是位表现突出、实力强劲的同事，还有可能是位积极向上、富有活力的下属。这些“鲇鱼”的存在，能让其他员工产生向前奋进的动力。久而久之，我们也变成周围人眼中的“鲇鱼”，大家都处在良性循环的竞争中。

引入“鲇鱼”员工

本田汽车公司的创始人本田宗一郎曾面临这样一个问题：公司里东游西荡的员工太多，严重影响企业的效率，可全把他们开除也不现实，一方面会受到工会方面的压力，另一方面企业也会蒙受损失。这让他左右为难。他的得力助手、副总裁宫泽就给他讲了沙丁鱼的故事。

本田豁然开朗，连声称赞这是好办法。本田马上着手进行人事方面的改革。经过周密的计划和努力，终于把松和公司的销售部副经理、年仅35岁的武太郎挖了过来。武太郎接任本田公司销售部经理后，首先制定了本田公司的营销法则，对原有市场进行分类研究，制订了开拓新市场的详细计划和明确的奖惩办法，并对销售部的组织结构进行调整。上任一段时间后，武太郎凭着丰富的市场营销经验和过人的学识，以及惊人的毅力和工作热情，受到销售部全体员工的好评，员工的工作热情被极大地调动起来，活力大为增强。公司的月销售额直线上升，公司在欧美及亚洲市场的知名度不断提高。

从那以后，本田公司每年都重点从外部聘用一些精干利索、思维敏捷的30岁左右的生力军，有时甚至聘请常务董事一级的“大鲇鱼”。这样一来，公司上下的“沙丁鱼”都有了触电式的警觉。

第七章

竞争规则

零和游戏定律："大家好才是真的好"

化敌为友，与对手双赢

在大多数情况下，博弈总会有一个赢/一个输。如果我们把获胜计算为1分，而输棋为-1分，这两人得分之和就是1+（-1）=0，即所谓的"零和游戏定律"。

在当今这个战略制胜的时代，双赢的理念和意识在竞争中发挥着积极的作用。很多时候，竞争中你若能化敌为友，这样得到的朋友比你先前的朋友更能帮助你。你先前的朋友占有的资源，你可能已经占有；所掌握的技能，你可能也已掌握。化敌为友产生的新朋友所占有的资源、所掌握的技能，可能正是你一直想拥有而未能拥有的。反之，对手从你那里也有所需，这样就促成了双赢的结局。

1997年8月6日，微软总裁比尔·盖茨宣布，他将向微软的竞争对手——陷入困境的苹果电脑公司注入1.5亿美元的资金。此语一出，IT界为之哗然。

作为世界首富，比尔·盖茨在世界各地捐资。但这一回，他向苹果注入资金是出于商业目的。苹果电脑公司诞生于一个旧车库里，创始人之一是乔布斯。苹果的成功在于乔布斯是世界上第一个将电脑定位为个人可以拥有的工具的人，这就是“个人电脑”，就像汽车一样，普通人也可以操作。这是一个划时代的产品定位概念，在那之前，电脑是普通人无缘摆弄的庞然大物，不仅需要艰深的专业知识，还得花大价钱。

乔布斯很快推出了供个人使用的电脑，引起电脑迷的广泛关注。苹果公司还开发出麦金塔软件，这也是一个划时代的、软件业的革命性突破，开创了在屏幕上以图案和符号呈现操作系统的先河，大大方便了电脑操作，使非专业人员也可以利用电脑工作。

苹果公司靠着这些核心竞争力，诞生不久就一鸣惊人，市场占有率一度超过 IT 老大 IBM。在进入 20 世纪 90 年代，网络经济突飞猛进之际，苹果公司却慢了一拍，未能抓住网络化这一先机，市场占有率急剧萎缩，财务状况日益恶化。1995 ~ 1996 年连续亏损，亏损额高达数亿美元，苹果公司使出浑身解数，都没有产生太大的效果。

就在苹果公司愁眉苦脸之际，微软突然伸出援助之手。比尔·盖茨知道，苹果作为一家辉煌一时的电脑霸主，尽管元气大伤，但潜在的实力非常巨大。这个时候，很多电脑公司包括微软的竞争对手如 IBM、网景等，都想与苹果合作，来达到和微软竞争的目的。如果微软不与苹果合作，对手的力量就会更强大。

美国《反垄断法》规定，如果某个企业的市场占有率超过规定标准，市场又无对应的制衡商品，这个企业就应接受垄断调查。如果苹果公司垮了，微软公司推出的操作系统软件市场占有率就会达到 92%，必然会面临垄断调查，仅仅是诉讼费就将超过从苹果公司让出的市场中赚取的利润。而和苹果合作，可以把苹果拉到自己这一边，苹果和微软的操作软件相加，就基本占领了整个计算机市场，微软和苹果的软件标准就成了事实上的行业标准，其他竞争对手只好跟着走了。当然，微软实力比苹果强大，不会在合作中受制于苹果。

所以，拉苹果一把，有百利而无一害，比尔·盖茨扮演一回救世主绝对不吃亏。可见，与其付出代价而消灭对手，不如化敌为友，与其双赢更为划算。

NBA 比赛中的赢家学问

NBA 比赛被认为是当今世界上发展最完备、职业化程度最高的篮球联赛，公开、公平、公正是它一贯的原则，它的很多项规章制度都打破了“零和游戏定律”。

比如 NBA 的选秀制度。NBA 在每年度的总决赛后，都会在 6 月下旬举行一年一度的“选秀大会”。参加选秀的是全美各大学的学生，均为全美大学生篮球联赛中的佼佼者。最近几年里，高中生和国际球员有增多趋势。NBA 根据他们的综合实力打分排名，然后，各球队依照该年度在常规赛中的优胜率排名，按由弱到强的顺序依次挑选。为了公平起见，NBA 从前两年开始，在选秀前，先分发 1000 个乒乓球，上面注明挑选的顺序号。常规赛成绩最差的球队可挑 250 个号，他们挑中首选权的概率是 25%。以下依次类推。

这种制度是制衡各队强弱的杠杆，弱队每年总能得到一些能量补充，而强队得到好球员的概率则相对较小，这样就使得 NBA 各队的实力差距不太悬殊。这既保证了比赛的水平和质量，也保证了 NBA 的活力。这项制度实质上是 NBA 的经营手段，最终目的是使联盟获得最大的利益。它不仅要求联盟获利，而且是力争使所有球队都获利，只是获利多少有所区别而已。这是一种“多赢”的局面，而这种“多赢”正是“双赢”的延伸和发展，是“双赢”的最大化体现。相反，如果当年只是湖人、公牛、马刺这样的超级强队获利，而快艇、骑士、猛龙等弱队一直赔钱的话，NBA 恐怕早已萎缩，也不会从当初的 11 支球队发展到如今的 30 支球队了。

NBA 球队之间的球员交换，也表明参与球队希望“双赢”或“多赢”的愿望。像勇士队与小牛队完成的 9 人大交易，其出发点就是为了共同提高两队的实力。在这场交易中，两队的明星球员贾米森和范・埃克塞尔作了互换。在小牛队中，虽然范・埃克塞尔实力一流，充满激情，但由于纳什的稳定发挥，使得他的作用大多是锦上添花，很少能雪中送炭；由于内线实力的欠缺，使他们在和湖人、马刺那样内线实力强大的球队的对抗中处于劣势。因此，得到贾米森这样的明星球员，既能提高得分能力，又能增加内线高度，对球队大有裨益。

同样，贾米森虽是勇士队的头号球星，但和他司职同样位置的墨菲上个赛季进步神速，况且比他更高更壮，似乎已能替代他的角色。倒是勇士队的后卫阿瑞纳斯虽然获得上个赛季的“进步最快奖”，但由于年轻尚欠稳定，常常无法帮助球队在关键比赛中力战到底。他们曾看上马刺队的克拉克斯顿，还将“袖珍后卫”博伊金斯招至麾下。但这些人和范埃克塞尔相比，显然不在一个档次。因此，勇士队才会放走头号球星，迎来小牛队的替补后卫。这种思维和行为方式，正是期待“双赢”的表现。

马蝇效应：激励自己，跑得更快

背负压力，你会跑得更快

小王是学管理的，因为爱好设计，进了某私企的企划部。刚工作不久，他就接手一个公司的圣诞节网站广告设计项目。这次广告需要设计一个非常有创意的网页，而小王和其他同事都不懂网页设计，老总便在出差前给他推荐了一位做网页不错的外援。谁料，小王拿着老总给的手机号码联系对方，发现人家也到外地出差了。

当时，小王只有两条路：一是放弃，直接告诉老总做不了；二是迎难而上，完成项目。选择前者，会失去很好的表现机会，晋升的梦想也可能泡汤；选择后者，需要再想别的办法做出有创意的网页，既要符合活动广告的要求，又要体现公司的内涵和优势，但若成功了会大大提升自己在老总心中的地位。小王最终选择了后者。

决定后，他想如果再找别人，要让对方了解公司的企业文化、优势及活动意义，至少要 1 天，而整个项目只有 4 天，还不如自己上，毕竟自己对公司和这次活动主旨比较了解，何况自己在大学期间也学过 FOXPRO、VB 等计算机课程。

于是，他买了两本网页制作的书，连续 3 天废寝忘食地学习。第四天，老总出差回来，小王交上了精心设计的网页。老总问他是那个外援的杰作吗，他便把事情原原本本地说了一下，老总立刻对他竖起大拇指，还夸他是个很有发展前途的年轻人。

可见，适当的压力反而会让我们更好地发挥潜力。如果每天都给自己一点压力，你就会感觉到自己的重要性，发挥出更多的潜力。

对手的“叮咬”，让你变得更加强大

马由慢跑到快跑是由于马蝇的叮咬，我们的发展由弱到强需要什么来“叮咬”呢？事实证明，在有竞争对手“叮咬”时，人往往能保持旺盛的势头，最终让自己壮大起来，加速前进。

在北方某大城市里，经过激烈的市场较量，在彼此付出很大代价后，赵、王两大商家从诸多电器经销商中脱颖而出，成为最强硬的竞争对手。

这一年，赵为了增强市场竞争力，采取极度扩张的经营策略，大量收购、兼并各类小企业，并在各市县发展连锁店。但由于实际操作中有所失误，造成信贷资金比例过大，经营包袱过重，市场销售业绩直线下降。

这时，许多业内外人士纷纷提醒王说，这是主动出击，一举彻底击败对手赵，进而独占该市电器市场的最好商机。王却微微一笑，始终不采纳众人的建议。

在赵最危难的时机，王出人意料地主动伸出援手，拆借资金帮助赵涉险过关。最终，赵的经营状况日趋好转，并一直给王的经营施加压力，迫使王时刻面对这一强有力的竞争对手。

有很多人嘲笑王心慈手软，说他是养虎为患。可王丝毫没有后悔之意，只是殚精竭虑，四处招纳人才，并以多种方式调动手下的人拼搏进取，一刻也不敢懈怠。

就这样，王和赵在激烈的市场竞争中，既是朋友又是对手，彼此绞尽脑汁的较量，双方各有损失，但各自的收获也都很大。多年后，王和赵都成了当地赫赫有名的商业巨子。

面对事业如日中天的王，当记者提及他当年的“非常之举”时，王一脸平淡，他说击倒一个对手有时候很简单，但没有对手的竞争又是乏味的。企业能够发展壮大，应该感谢对手时时施加的压力，正是这些压力化为想方设法战胜困难的动力，进而让我们在残酷的市场竞争中始终保持危机感。

人皆有惰性，如果没有外力的刺激或震荡，许多人都会四平八稳、舒舒服服、得过且过、无声无息地走完平庸的人生之旅。可是，偏偏世事难料，给人带来种种困窘，也带来种种激励。朋友反目，爱人变心，事业上不顺心，都可能成为精神动力，激发人们调动潜能，干出一番事业，改变人生轨迹。

例如，苏秦一事无成时，屡受父母、妻、嫂的白眼，于是发愤图强，悬梁刺股，夜以继日，废寝忘食，终成一代名士，挂六国相印，显赫一时，威震天下。蒲松龄虽满腹经纶，却屡试不中，穷困潦倒，愤而激励自己著书立说，以毕生心血学识凝成《聊斋志异》，跻身文学巨匠的行列。

所以，我们要学会主动接受外在的激励，化压力为动力，使心智力量得到最大限度的发挥，使人生变得更加瑰丽。

波特法则：有独特的定位，才会有独特的成功

不求第一，但求独特

被誉为“竞争战略之父”的哈佛商学院教授迈克尔·波特说：“不要把竞争仅仅看作争夺行业的第一名，完美的竞争战略创造出企业的独特性——让它在这一行业内无法被复制。”

由其提出的波特法则指出，防止完全竞争最为有效的途径之一，就是从根本上阻止战斗的发生。要做到这一点，对产品就必须有独特的定位，竞争策略要有独到之处。这方面，比尔·盖茨做了非常成功的榜样。

某一天，比尔·盖茨从西雅图总部附近的一家餐馆走出来，一个无家可归者拦住他要钱。给点钱自然是小事一桩，但接下来的事却令见多识广的比尔·盖茨也目瞪口呆——流浪汉主动提供了自己的网址，那是西雅图一个庇护所在互联网上建立的地址，以帮助无家可归者。“简直难以置信，”盖茨感慨道，“Internet 是很大，但没想到无家

可归者也能找到那里。”

今天，比尔·盖茨的微软公司给互联网带来统一的标准，也带来前所未有的垄断。其视窗操作系统已成为进入互联网的必由之路，全世界各地的个人电脑中，92% 在运用 Windows 软件系统。过去两年来，微软共投资及收购 37 家公司，表面看起来好像是一种随心所欲的资本扩张行为，但只要把这 37 家公司分门别类，立刻就会令人大惊失色！因为这 37 家公司代表的竟然是网络经济的 3 大命脉：互联网络信息基础平台，互联网络商业服务，互联网络信息终端。微软不仅统治了现在的个人电脑时代，而且已开始着手统治未来的网络时代！难怪美国司法部要引用反垄断法控告微软。但比尔·盖茨从容地说：“微软只占整个软件业的 4%，怎么能算垄断呢?”

盖茨的话自有其道理，因为软件的形态与工业时代的规模和产品建立的垄断已有明显区别。因为操作系统是整个电脑业的基础，微软以核心产品的垄断获得对整个软件行业的主导地位，使得垄断操作“稀释”和掩饰在更大范围之中，与单纯的数量份额和比例等有关垄断的硬性指标已无明显关系。

所以，要想在激烈的竞争中立于不败之地，你可以不求第一，但一定要独特。

一只脚不能同时踏入两条河流

哲学上有一个公认的观点是“一只脚不能同时踏入两条河流”。其实，竞争中采取的决策亦是如此，真正的决策不能同时选择两条道路。在战略上，决策就像岔路，你选择了一条路，就意味着不可能同时选择另外一条路。

奋进是美国赫赫有名的汽车租赁公司。你若去有一定规模的机场租车区，一定能看到赫斯汽车租赁公司和爱维斯汽车租赁公司的柜台，也可以看到很多小汽车租赁公司的柜台，却看不到奋进公司的柜台。更令人费解的是，奋进公司的租金要比对手低 30%，但总是比其他更有名气的竞争对手获得更多利润。

原来，与爱维斯汽车租赁公司和赫斯汽车租赁公司将客户定位于飞行旅游者不同，奋进汽车租赁公司将服务对象定位于那些还没有买汽车的人。对于这些客户来说，如果需要自己支付租金，价格就是一个重要的考虑因素，而且他们肯定还要考虑保险公司是否会理赔。奋进汽车租赁公司就有意识地裁减各种客户不愿意付费的项目和可能增加的成本，包括做广告的费用。

就这样，奋进汽车租赁公司始终如一地坚持这一策略，尽管客户付费较少，但他们节省的开支大大超过收费低廉而造成的损失，而且在业内总能成为赢家。

在竞争中选择一个独特的策略，并始终坚持这一方向，才能成为行业真正持久的赢家。与之类似，戴尔电脑公司在 1989 年的经营模式改革中也体会到这一点。当时，戴尔感到直销模式发展不够快，就试图通过代理商来销售。可是，当其发现这种转变给公司业绩带来损害时，马上取消了这种做法。问题在于，如果你同时选择两条道路，别人也会这么做。所以，你要选择一条最擅长的、具有独特定位的路坚持下去。这样，你的差异化道路就会具有持续的力量，使对手无法打败你。

学会了这些，你在具体制作竞争策略时，就应懂得不能让自己的“一只脚同时踏入两条河”的道理了。

权变理论：随具体情境而变，依具体情况而定

计划没有变化快

在竞争中，我们总喜欢说不要打无准备之仗，事前一定要做好计划和安排。计划代表了目标，代表了充实，代表了憧憬，代表了承诺，因为“计划”会让我们知道下一步该做什么。然而，“一切尽在掌握之中”固然是好，但我们也无法排除“计划外”的可能，正所谓计划没有变化快。

东汉末年，曹操征伐张绣。有一天，曹军突然退兵而去。张绣非常高兴，立刻追击曹操。谋士贾诩建议道：“不要去追，否则肯定吃败仗。”张绣不予采纳，结果大败而归。

贾诩见张绣打了败仗回来，反而劝张绣赶快再去追击。张绣满脸疑惑地问：“先前没有采用您的意见，以致到这种地步。如今已经失败，怎么又要追呢？”“战斗形势起了变化，赶紧追击必能得胜。”贾诩答道。张绣这次听从了贾翊的意见，连忙聚集败兵前去追击，果然

大胜而归。

张绣好奇地问贾诩："我先用精兵追赶撤退的曹军，而您说肯定要失败；我败退后用败兵去袭击刚打了胜仗的曹军，而您说必定取胜。事实完全像您所预言的，为什么会精兵失败、败兵得胜呢？"

贾诩答道："曹军刚撤退时，曹操必亲自压阵，我们的追兵即使精锐，仍不是曹军的对手，故被打败。曹操先前在进攻您时没有发生任何差错，却突然退兵，肯定是国内发生了什么事，打败您的追兵后，必然轻装快速前进，仅留下一些将领掩护，但他们根本不是您的对手，所以您用败兵也能打胜他们。"

张绣听了，十分佩服贾诩的智慧。

贾诩那番充满智慧的话，实际就是论述了一种"因机而立胜"的权变战略思想。组织是社会大系统中的一个开放型子系统，是受环境影响的。我们必须根据组织的处境和作用，采取相应措施，才能最好地适应环境。

在激烈的竞争中，不要执着于某种外在的形式，不要完全拘泥于事先的精心计划，在事情发展过程中的计划外因素往往更加具有影响力。

以变应变，才能赢得精彩

我们已进入竞争时代，一切都充满变数。就拿股市来说，几秒钟的上下颠覆，可能把你送上云端，也可能把你推入地狱。对此，一定要树立权变的思想，善变才能赢。

动画片《猫和老鼠》中，为什么每次小杰瑞总能逃过汤姆的利爪，还让汤姆吃尽苦头？汤姆绞尽脑汁、费尽力气，为何最终仍一无所获？这是因为，小杰瑞对汤姆的一举一动，甚至一个呼吸、一个喷嚏、一个微笑的变化，都有不同的应对手段。

在商业竞争中，善变的思想同样重要。中国布鞋曾一度在秘鲁打开销售大门，当地一家公司每月可销售中国布鞋 6 万多双。不料，秘鲁当局颁布一项法令，禁止纺织品和鞋子进口。这一突如其来的变化，使中国布鞋在秘鲁的销售大门被关闭了。陷入困境的中国商人没有坐以待毙。经过分析，他们发现秘鲁并没有禁止进口制鞋设备及布鞋面。于是，他们转变策略，决定出口制鞋设备和布鞋面，在秘鲁当地加工布鞋。布鞋面既不算成品布鞋，也不属于纺织品，不受禁令制约。后来，中国布鞋又重新在秘鲁占有市场份额。

某省一家出售冷冻鸡肉的食品公司，由于竞争激烈，冷冻鸡肉销售一直不太景气。后来，公司经过市场调研，发现顾客喜欢吃新鲜鸡肉，于是实施相应策略，改为凌晨 3 点杀鸡，待去毛分割完毕恰好接近黎明。新鲜的鸡肉送到市场，生意一下子红火起来，公司利润持续上升。

由此观之，善变之道在于灵敏地做出应变决策，抢占先机。没有这种能力，一个公司就会陷于故步自封的境地，一个人就会墨守成规。

达维多定律：及时淘汰，不断创新

做第一个吃螃蟹的人

达维多定律揭示了如何在竞争中取得成功的真谛。这也正是诸多成功实例所验证的——要做第一个吃螃蟹的人。

日本企业界知名人士曾提出一个口号："做别人不做的事情。"瑞典有位精明的商人开办了一家"填空档公司"，专门生产、销售在市场上断档脱销的商品，做独门生意。德国有一个"怪缺商店"，经营的商品在市场上很难买到。因为是填空档，一段时间内就不会有竞争对手。

即使在人们熟知的行业里，仍然会有许多的创新点，关键是你要能够察觉得到。有段时间，国外很多啤酒商发现，要想打开比利时首都布鲁塞尔的市场非常困难。于是就有人向畅销比利时国内的某名牌酒厂家取经。这家叫"哈罗"的啤酒厂位于布鲁塞尔东郊，无论是厂房建筑还是车间生产设备都没有很特别的地方。但该厂的销售总监林达是轰动欧洲的策划人员，由他策划的啤酒文化节曾在欧洲多个国家盛行。

林达刚到这个厂时还不满25岁。那时的“哈罗”啤酒厂正一年一年地减产，因为销售不景气而没有钱在电视或报纸上做广告，这样便开始恶性循环。做销售员的林达多次建议厂长到电视台做一次演讲或广告，都被拒绝。林达决定冒险做自己“想要做的事情”，于是贷款承包了厂里的销售工作。正当他为怎样去做一个最省钱的广告而发愁时，他走到了布鲁塞尔市中心的于连广场。这天正是感恩节，广场上有很多狂欢的人，广场中心撒尿的男孩铜像就是因挽救城市而闻名于世的小英雄于连。当然，铜像撒出的“尿”是自来水。广场上一群调皮的孩子用自己喝空的矿泉水瓶子去接铜像里“尿”出的自来水来泼洒对方，他们的调皮启发了林达的灵感。

第二天，路过广场的人们发现于连的尿变成色泽金黄、泡沫泛起的“哈罗”啤酒。铜像旁边的大广告牌子上写着“哈罗啤酒免费品尝”的字样。一传十，十传百，全市老百姓都从家里拿瓶子、杯子排成长队去接啤酒喝。电视台、报纸、广播电台争相报道，林达不掏一分钱就把哈罗啤酒的广告成功地做上电视和报纸。该年度“哈罗”啤酒的销售量为去年的1.8倍。林达成了闻名布鲁塞尔的销售专家，他的经验就是：做别人没有做过的事情。

如果只懂得沿着别人的路走，即使能取得进步，也不易超越他人。只有做别人没有做过的事情，创造一条属于自己的路，才有可能把他人甩在身后。

万事源于想，创新从转变思维开始

一个犹太商人用价值50万美元的股票和债券做抵押向纽约一家银行申请1美元的贷款。原来，那位犹太商人申请1美元贷款的真正目的是为了让银行替他保存巨额的股票与债券。按照常规，像有价证券等贵重物品应存放在银行金库的保险柜中，但犹太商人却通过抵押贷款的办法轻松解决了问题，为此他省去了昂贵的保险柜租金而每年只需要付出6美分的贷款利息。

这位犹太商人的聪明才智实在令人折服。其实，我们身上也蕴藏着创新的禀赋，但我们总是漠视自己的潜能。只要你愿意改变一下思维方式，多进行发散思维和逆向思维，激活创新因子，你周围的一切都有可能成为创新思维的对象。

闹钟在传统上的作用只是“催醒”。然而，英国一家钟表公司又增添了“催眠”功能。这种“催眠闹钟”既能发出悦耳动听的圣诗合唱和鸟语声，催人醒来；又能发出柔和舒适的海浪轻轻拍岩声和江河缓缓的流水声，催人入眠。使用者可以“各取所需”，这种新颖独特的闹钟深得失眠者的宠爱。某大城市的市场上出现过一种具有特殊功能的拖鞋。这种居室内穿的拖鞋底上装有圆圈状的纱线，能牢牢吸附住地板或地砖上的灰尘、头发等污染物。人们穿上这种特殊拖鞋，边走路，边擦地，走到哪里，就清洁到哪里，既走出了“实惠”，又轻松自如。这种拖鞋的洗涤也很方便，穿脏了放入洗衣机内便可清洗干净。这种“擦地拖鞋”卖疯了，其成功之处在于它体现了创新思维，正是这种思维为创新者带来巨大的收益。

在竞争过程中，很多人被对手“吃掉”，重要原因往往是遇事先考虑大家都怎么干、大家都怎么说，不敢突破人云亦云的思维方式。讨论一件事情，总喜欢“一致同意”“全体通过”，这种观念背后常常隐藏着“从众定式”的盲目性，不利于个人独立思考，不利于独辟蹊径，常常会约束人的创新意识。

第八章

两性秘密

吸引力法则：指引丘比特之箭的神奇力量

人海茫茫，偏偏喜欢相似的“你”

电影《秘密》在全球的广泛关注下，造就了同名书籍《秘密》的诞生及热销。《秘密》一书出版没多久，便横扫美国、澳大利亚、加拿大、英国等多个国家的各大图书市场。如今，它在中国图书市场也是赫赫有名。《秘密》为何会如此吸引人呢？答案就是，它揭示了神奇的“吸引力法则”！

如果有人问你：“为何选择现在的她/他作为你的另一半？”“你喜欢的人通常要具有哪些特征？是漂亮，是帅气，是聪明，还是有钱？”想必你很难说出具体的答案，但却能肯定地回答：“大家在一起很合得来。”

心理学研究表明，我们通常喜欢的人是那些也喜欢我们、跟我们合得来的人。也就是说，你的另一半不一定很漂亮，或很帅气，或很聪明，或者很有钱，但他一定是很喜欢你，你也很喜欢他，你们彼此合得来。

也许你会问：“我们为什么偏偏喜欢那些喜欢我们、跟我们合得来的人呢?”这是因为，喜欢你的人能使你体验到愉快的情绪。一想起他/她，就会想起和他/她交往时所拥有的快乐，一看到他/她，你自然就有了好心情。你们双方有默契，或者叫很有“灵犀”。而且，因为他/她喜欢你，对你自然持肯定、赏识的态度，从而使你受尊重的需要得到满足。正所谓：“什么是好人？对我好的就是好人。”

心理学还认为，当人们发现一个人非常喜欢自己时，不管对方客观情况怎样，是否具有让自己喜欢的特点，往往会无条件地喜欢对方。人们大概是想象，既然对方喜欢自己，那他/她一定是在某些方面和自己相似，认可自己的为人和某些特点，自己又有什么理由不喜欢对方呢?

“关注”并“吸引”，将爱情进行到底

关于吸引力法则，它另一个层面上的含义就是你关注什么，就会吸引什么，什么就会靠近你。所以，想获得真诚、永久的爱情，想将爱情进行到底，一定要时刻对你的爱情抱有希望。

实现这种积极的关注和希望，可通过六个方面进行：

第一，明确你想要的爱情是什么。在你设想甜蜜的情侣关系或美满的夫妻关系之前，你应当知道这对你意味着什么。不要错误地定义你理想的对象是多么特别的人，而忽略了自己渴望的生活的真实本质。进一步明确你想要的，是感受、情感还是体验。然后，画出那张“脸”。

第二，用你希望的被爱方式来爱自己，为自己说些自己喜欢的话，做些自己向往的美好的事情。当你善待自己的时候，别人往往会

用同样的方式善待你。

第三，用你希望被爱的方式去爱别人。要想为你渴望的爱情打下坚实的基础，就要用你喜欢被爱的方式去爱别人。人与人之间是相互的，吸引也是相互的。你渴望得到爱，就要学会付出你的爱。这是获得美满爱情的有效办法。

第四，如果你对当前的爱情不满意，审视一下自己，是不是经常空谈自己的伴侣。有可能你无意识地就将自己的伴侣限定了，总是想着他从前是什么样子，而没有为他可能改变的形象留有思维空间。如果是这样，快回到现实中来吧！

第五，敞开心扉，放开思想。随时触摸你内在的想法，包括你的情感、内在的感受和直觉，并尊重它的指引。正如歌中所唱：“跟着感觉走，让它带着我，心情就像风一样自由……”

第六，放弃没有意义的事物。为了迎接你美好的期望，你一定要抛开使你情绪低落的事物，把所有让你感觉不好的事物统统抛弃。这样，你才能“腾出空间”，让生活为你带来更好的事物。

布里丹毛驴效应：真爱一个人，就不要优柔寡断

优柔寡断，爱将无法选择

法国哲学家布里丹养了一头小毛驴，每天向附近的农民买一堆草料来喂。一天，送草料的农民出于对布里丹的景仰，额外多送了一堆草料，放在旁边。结果，毛驴站在两堆数量、质量和与距离完全相等的干草之间，左看看，右瞅瞅，始终无法决定究竟选择哪一堆好。就这样，这头可怜的毛驴犹犹豫豫、来来回回，最终在无所适从中活活饿死了。后来，人们把这种效应称为“布里丹毛驴效应”。

其实，“优柔寡断”不只是布里丹养的那头小毛驴犯的错误，在人类中也常常出现。

小王今年 33 岁，外表文质彬彬，事业小成，有房有车。在这个同龄人基本都已结婚的阶段，心急的父母催他一次又一次相亲。他也很听话，一个半月内结识了 5 个女人。

本以为选择的范围越大，对自己越有利。谁料，在这 5 个女人

中，有两个女人令小王始终摇摆不定。一个叫小丽，27 岁，身高 168 厘米，是个不折不扣的大美女，工作、家庭及其他方面都不错，就是脾气性格有点火爆。一个叫晓梦，25 岁，小鸟依人型，家庭背景很好，父母都是高干，外表清纯可爱，但非常娇气。

因为两人各有优势，也各有缺点，而且他对两人都有几分爱意，实在不知如何选择。这种徘徊和犹豫拖拖拉拉地持续了一年，小王与两个女人也朦朦胧胧地交往了一年，但始终不能肯定自己该与谁厮守一生。

结果，小丽告诉小王："我们只适合做普通朋友，因为你的优柔寡断根本不适合我。"没几天，晓梦也给了明确的交代："在感情上，我更喜欢勇敢的男人，我们还是做好朋友吧。"

小王的优柔寡断，使他对两个女人的爱意最终都未能升级到一生一世的厮守之情。

诺贝尔文学奖得主萧伯纳说过："此时此刻在地球上，约有 2 万个人适合当你的人生伴侣，就看你先遇到哪一个。如果在第二个理想伴侣出现之前，你已经跟前一个人发展出相知相惜、互相信赖的深层关系，那后者就会变成你的好朋友。但是，若你跟前一个人没有培养出深层关系，感情就容易动摇、变心，直到你与这些理想伴侣候选人的其中一位拥有稳固的深情，才是幸福的开始、漂泊的结束。"

许多人总是为缘分所迷惑、苦恼，忘记了要拥有天长地久的爱情，首先要在茫茫人海中选择一个愿意与自己天长地久的伴侣。因此，不要去追问到底谁才是你的真命天子、谁才是你的真命公主，而是要问在眼前可选的范围内，你要选择哪一个、该选择哪一个。在爱情中，若没有做出选择的勇气和能力，就算真命天子、真命公主出现在你身边，幸福依然会与你擦肩而过。

弱水三千，只取一瓢饮

电视连续剧《倚天屠龙记》里的张无忌，在数个爱着自己的女人间犹豫徘徊，似乎希望能选择所有的女人的情节，让人记忆深刻。

不过，当谢逊在山顶问张无忌最在意谁之后，张无忌思量许久得到了答案："弱水三千，只取一瓢饮。"那时，他才真正清楚地发现，自己最在乎、最不能失去的是赵敏。

如果不是谢逊的那一问，如果没有出现刑场的那一次无能为力，张无忌可能会糊里糊涂地徘徊一辈子，继续伤害那两个为爱痴狂的无辜女子。

在感情上，人难免会有些自私。正如周芷若某晚在少林寺质问张无忌到底最爱谁时，他说出了一个大多数男人都会幻想的答案：如果小昭、蛛儿、周芷若和赵敏 4 个女人都在，那该多好啊！

现实中，爱情往往就是一道单选题，你不能拥有所有曾让你动心的人，必须有所割舍，留下最不能失去的那一个，其余的只好割舍，当作生命中的一次偶遇、一次美好的邂逅。

这就是爱情中的布里丹毛驴效应。如果不止一个人出现在你的爱情世界，你妄图选择全部，这种贪婪注定你一个都不会得到，反而只会令自己伤神费力。

如今，有些人认为，这个世界在变，爱情也在变。在我们身边，总是时不时地出现爱我们的人和我们爱的人，但这两种人却往往不重合。当我们可以自由地追逐爱情、选择情人时，爱情也就变得越来越不稳定。

扪心自问，如果我们始终徘徊于那“三千弱水”，总希望把所有的感情都纳为己有，鱼和熊掌要兼得，现实吗？无论是你爱的，还是爱你的，有哪个人会愿意与别人分享自己一生的幸福？

视觉定律：女人远看才美，男人近看才识

女人要远看，男人要近看

女人是水做的，“可远观而不可亵玩焉”，远远地看着，像画一样；每天对着，就缺乏了新鲜感。这就是距离的力量，有距离才能产生美。俗话说：“看景不如听景。”从来没有真正近距离的接触，只是远远地听别人描述那优美的景色，你的想象会比那描述更美上10倍；一旦你去了，真正近距离地欣赏了那听到的美景，你会发现根本不是你想的那样，与你以前看过的风景比起来也没有特别之处。其实，不是那些地方不美，是你想象的景色过于美，美到并非人间所有，理想与现实的落差让你失望了。美女也是一样，从来没有近距离地接触过，只敢远远地看着，她在你心中会越来越美。当有一天，她成为你的朋友或女友，你天天那么近地看着她，你会发现她与别的女人也没有多大差别，长得也不是那么漂亮。

男人是要近看的，不与他深入接触，你永远也看不到他真正的思想光辉。不要轻信男人的花言巧语，要真正与其进行内心交流，才能

看出他是否真的有内涵。十全十美的白马王子在现实生活是不存在的，但真正的好男人这个世界上并不少，少的只是发现的眼光。什么样的才算是好男人？千人千面，万人万解。但无论是什么样的男人，都只有真正接触后才能识其真面目。思想是一个男人最强的隐蔽力量，是做人的智慧与谋略。男人有思想，才能积极主动地创造成功的机会，寻找生活中的快乐，打造丰富多彩的人生。女人要看懂一个男人，就不得不深入到他的思想中，不然就无法见识他的全部魅力。一个男人有时候只有在一个女人的身边，才可能完整地展示出属于男人的阳刚。男人可以不漂亮，但不能没有思想，没有品质，没有责任心。

女人要远看，是从美学角度来说的；男人要近看，是从现实角度来考虑的。人总是会把最美好的一面呈现在大家面前，但有些男人不懂得表现，他们总是把自己最美的思想藏得很深，这就需要独具慧眼的女性去挖掘宝藏。女人是美的化身，但人无完人，每个女人身上多少都有些坏毛病，不要拿你理想中的女神来要求她们，这样你会发现每个女人都是美的。

远近得当，才能生活融洽

有距离，才有美感。很多婚姻的触礁，原因就在于妻子和丈夫走得太近；恋爱中出现问题，很多也因为双方整天黏在一起。太近的距离，让双方的缺点暴露无遗，少了那种朦胧的美感。

男人爱女人，很多是因为女人的美貌，但过日子不是只靠脸就行的。只有美丽的内在，才能真正长久地抓住男人的心。

女人如书，容貌是书的封面，气质是书的内容。有的女人仅有漂亮的外貌却缺乏内涵气质，这样的书尽管封面装帧很漂亮，但并不具有可“读”性。相反，既有美的外貌又有美的气质的女人才是既可观赏又耐品读的珍品书。所以，把你用来美容打扮的时间，分一半用来装饰内在，岂不是更好？这样无论远看近看，你都是美丽的女人。

当然，这是针对女人自身修养来说的。另外，男士们还要与妻子保持一定的距离，不要让双方离得太近，也不要对妻子的缺点过于苛刻，她本来就不是“天外飞仙”，你不能用你以前幻想的那个完美形象来要求自己的妻子，这样不公平。给双方一点空间，懂得欣赏妻子的优点，这样才会让生活更融洽。

对于男人来说，好男人是不能用统一标准来划分的。同样的特性放在这个男人身上是优点，放在那个男人身上可能就是缺点。世事的不确定与变化，使人们的性格千奇百怪，世界也变得多姿多彩。也许一个男人会因为少了聪慧多变而成就他的敦厚质朴，也许一个男人会因为心地善良而事业无成。

男人如书，从外观上讲，书有厚薄之分，有装帧堂皇与简约之别，男人也有魁梧与矮小、俊朗与猥琐之别；从内容上说，书分高雅和平庸、厚重与浅薄，男人更有内涵深厚与空有一副外表之分。男人如书，有的可以终生为伴，相濡以沫；有的只能默默祝祷，遥遥相望；有的则唯愿此生不与之谋面。读书是需要时间的，好书多读才能懂。

因此，男女双方要学会欣赏与被欣赏，要懂得保持最适当的距离来欣赏和被欣赏。俗话说，金无足赤，人无完人。完美只是相对的，唯有缺憾才是绝对的。欣赏他人的时候，要懂得找到最佳的距离；被欣赏时，也要尽量保持最佳距离，该远则远、该近则近。

夫妻之间产生争执的主要原因，是他们把婚姻当成一把雕刻刀，时时刻刻都想按照自己的要求用这把刀去雕塑对方。为了达到这个目的，在婚姻生活中，人们当然就希望甚至迫使对方摒除以往的习惯和言行，以符合心中的理想形象。但是，有谁愿意被雕塑成一个失去自我的人呢？于是，“个性不合”“志向不同”就成了雕刻刀下的“成品”，离婚就成了唯一的出路。

婚姻不是一个人的付出，只有两个人同心协力，才能维护好一个温暖的家。可是，并不所有的人都能注意到对方的付出，甚至有的人会把对方的付出看作是理所当然的。如果对方稍微有什么地方做得不好，就加以指责，这样无疑会伤害对方的心，会让其觉得一切努力都付之东流。

每个人都有缺点，但是相爱的人却能在对方的缺点中找到闪光点，在对方的不足中寻找到内心的满足。欣赏的眼光，总是能让爱情变得更甜、让婚姻变得更美。

麦穗理论：不求最好的他（她），
但求最适合的他（她）

走进麦田，面对选择却又难以选择

我们总是渴望完美的爱情，习惯于在一道道通向幸福的门前一次又一次犹豫与彷徨。因为不能回头，于是心中充满了矛盾，很怕自己错过的就是最好的，又总觉得后面的路还很长，应该还会有更好的。就这样，原本属于我们的爱情最终化作别人的婚姻。

在心理学中，这种现象就是“麦穗理论”的反映。这一理论来源于下面这个故事：

伟大的思想家、哲学家柏拉图问老师苏格拉底什么是爱情。苏格拉底就让他先到麦田里去摘一棵全麦田里最大、最金黄的麦穗来，只能摘一次，并且只可向前走，不能回头。

柏拉图按照老师说的去做了，结果两手空空走出了麦田。老师问他为什么没摘。他说：“因为只能摘一次，又不能走回头路，其间即使见到最大、最金黄的，因为不知前面是否有更好的，所以没有摘。走到前面时，又发觉总不及之前见到的好，原来最大、最金黄的麦穗早已错过了，于是我什么也没摘。”

老师说：“这就是爱情。”

之后又有一天，柏拉图问苏格拉底什么是婚姻。苏格拉底就叫他先到树林里，砍下一棵全树林最大最茂盛的树，同样只能砍一次，同样只可以向前走，不能回头。

柏拉图照着老师说的话做。这次，他带了一棵普普通通，不是很茂盛，亦不算太差的树回来。老师问他：“怎么带这棵普普通通的树回来?”他说：“有了上一次的经验，当我走了大半路程还两手空空时，看到这棵树也不太差，便砍下来，免得最后什么也带不回来。”

老师说：“这就是婚姻。”

在数不清的麦穗中寻找最大的麦穗几乎是不可能的，所谓“最大的”往往也是在错过之后才能知道。在无数次的擦肩而过之后，我们的心可能已经疲惫，于是在简单比较之后，匆忙做出了选择，而这个选择其实未必真的是最好的。命运就是这么爱捉弄人。

其实，柏拉图的困惑也是我们的烦恼，完美的爱情和婚姻是很难得到的。对于大多数人来说，童话般的爱情只是奢望。当我们想使用一件东西时，翻遍每个抽屉都找不到；在我们不需要它时，它却不经意地出现在面前。当我们把对爱情的期望一条一条写在纸上，然后热切地盼望爱情出现时，爱情总是绕身而过，不是和这个人志趣不投，就是和那个人激不起爱情的火花。找到心目中最理想的恋人是可遇不可求的事情，因而很多人是勉强走到一起的。

生活从来没有最优解，也没有最满意解，只有相对满意解。选择伴侣，对你我来说都是一件神圣而又谨慎的事情，婚姻也可以说是我们的第二次生命。俗话说得好：“男怕入错行，女怕嫁错郎。”每个人都想找到自己的白马王子或白雪公主，但生活总是存在偏差，就如同你在麦地里摘了麦穗出来后，总会发现有比手中的麦穗大的一样，和我们共度一生的那个人很可能不是我们最爱的那个，但也不是我们最讨厌的那个。

找一个自己喜欢并适合自己的人共度一生是非常幸福的事情，但这样的概率很小。如果用一生去等待，我们也许会找到最适合自己的那个人，但谁又能有勇气用一生去等待呢？既然不能，我们就要珍惜手里的麦穗。正像一句广告词说的那样：“我选择，我喜欢！”

穿越麦田，在心灵的交融中找到心的归宿

人生就如穿越麦田，只走一次，不能回头。要找到属于自己最好的麦穗，必须要有莫大的勇气并付出相当的努力。要想拥有完美的婚姻，就不能盲目草率地做决定，但犹豫不决，又会错过一次次机会。只有在恋爱的征程中，积累阅历，磨炼感情，了解自己真正需要什么，才能找到真正适合自己的人生伴侣。

也许上天故意让我们在遇到生命中的天使之前，遇到几个有缘无分的人，在我们多次彷徨之后，才能学会珍惜这份迟来的礼物。一次又一次地与缘分擦肩，一切的冲动、激情、浪漫都慢慢消失，而有一个人始终占据着你心里最重要的位置，你对他的关心及牵挂丝毫未减。那便是爱了。

爱一个人并不需要太多的理由，也许他不是最优秀的，也许她不是最漂亮的，但他/她一定是最适合你的，因为他/她最懂你的心。爱情是两颗心的交融，是情与情的交流，是爱与爱的沟通。爱情是在寻找一个心灵的归宿，无论是男人还是女人，在自己情窦初开时，就在心灵深处勾勒出“另一半”，而它就像影子一样紧紧地依附在灵魂上，伴随自己走完一生。爱情固有的魅力和感召力是外在条件无法左右的，当一个人在你心里扎了根，便再也消失不了。

在寻找伴侣时，不要把心目中的“麦穗”想象得太过完美，择偶目标要切合实际，绝不能一挑再挑。当然，也不要过分注重外在条件，如相貌、金钱、地位、学历等。爱情是纯洁的，纯洁得容不下一点杂质。我们常常为了寻找理想中的爱情，自以为是地设置许多标准。找寻的过程是漫长的，或与相貌结伴，或与财富同行，他们以为用这些可以培养爱情。可当时间渐渐流逝的时候，他们发现爱情一点点消失，曾经幻想的美景化作一片云，被时间的清风吹散。时间能够吹去爱情的杂质，却吹不走爱情的本质，心灵伴侣才是一生的伴侣。

俗话说“金钱可以买来女人，却买不来爱情”，就在于爱情不是商品，自然不能用钱来交易。相貌、财富、心情……都会随着时间的流逝而改变原来的状态。唯有爱情，其纯洁的本质不会改变。在西方的婚礼上，神父对每一对新人都会问同样一个问题：不管生老病死，你都愿意一生照顾她……这就是爱情的意义。当你遭受挫折，当你一无所有，当你白发苍苍，看着陪在你身边不离不弃的人，你就知道什么是爱情。

爱情一旦错过，就不会重新来过。当丘比特之箭射中我们时，我们一定要紧紧抓住箭的另一端——我们的爱人。遇到合适的人，彼此可以融洽地生活，简单也好，复杂也罢，别再犹豫，牢牢地抓住他/她，在相依相守中获得真正的爱情。

虚人效应：爱就要勇敢地“乘虚而入”

爱她（他），要在她（他）最需要你的时候出现

“乘虚而入”原是军事上常用的战术。两军作战，趁敌人没有防备时进攻或进攻敌人防备较弱的地区，这样胜算就比较大。在感情上，当他人失恋或失意时，表达对他人的关心，往往会收到意想不到的效果。

芳是一个美丽而清高的女子，喜欢她的男子不计其数，但她都不正眼看一眼。她想要的是事业的成功、社会的名望。她的美貌给她带来很多机会，也让她遭受许多非难。女上司不喜欢她，女同事更把她当作眼中钉。女上司无缘由的训斥，女同事无休止的捉弄，再加上繁重的工作，让芳彻底崩溃，病倒了。强是芳的同事，暗恋芳已久。得知芳病了，强每天早晚在医院陪芳，照顾芳，给芳讲笑话逗她乐，给她讲故事鼓励她，让芳重新恢复对生活和工作的信心。芳病好后，和强一起出现在众人面前，让公司里的人惊讶不已。大家都想不通，如此普通的强怎么打动了芳的心？其实，道理很简单，强就是用了“乘

虚而入”这一招，在芳最需要人关心的时候关心了她。

爱情需要感觉，一见钟情很美妙；爱情需要默契，心有灵犀很惬意。爱情需要手段，只要能带给你爱的人幸福而不是伤害，乘虚而入也没什么不好。爱情需要竞争，胜利的果实让人回味无穷，但竞争不是不择手段，胜利无须处心积虑，只要能恰当地把握时机，你就能摘到想要的苹果。

爱情是可望而不可求的，你能遇到你爱的人的机会更是微乎其微。如果不想方设法把他（她）抓住，很可能这辈子都再也遇不到让你动心的人了。谁都知道“乘虚而入”这招最管用，在他（她）最需要人关心的时候出现在他（她）面前，关心他（她）鼓励他（她），何愁他（她）不感动?

懂得付出，爱终究会有回报

爱一个人就要懂得付出，这种付出不是指天天黏着你爱的人，而是时时关心、默默对他（她）好，而不给他（她）的生活造成困扰。当他（她）遇到困难时，立即挺身而出，为他（她）解决麻烦。保护他（她），爱护他（她），而不求任何回报，这就是真爱。越是甘心付出、不求回报的人，越能得到上天的垂怜。

园是一个光芒四射的女孩，活泼可爱，面容姣好，举止大方，能歌善舞，身边总是围着一群男生，争着献殷勤，而磊却总是默默地躲在一边，看着园。如果园不小心跌了一跤，在其他男生还没反应过来时，磊已经一个箭步冲到园的跟前扶住了她，然后又什么也不说地走了。园第二天要参加歌唱比赛，前一天她的桌柜里肯定会出现一盒金嗓子。园想报考 GRE，磊就把考试的心得悄悄放在园的桌柜里。在一次舞蹈比赛中，园正忘情地跳着，不小心踩到一颗本不应该出现在舞台上的玻璃珠，脚下一滑，重重地摔在台上。接下来的事，她就不知道了。是磊飞快地奔到台上，抱起园就往附近的医院跑。到了医院，医生及时把园送到急诊室进行治疗，而磊也因为过度疲劳而晕倒。幸运的是，园只是扭伤了脚，没有脑震荡，没有后遗症。磊醒后，就一直陪在园的病床边。园睁开眼，第一个看到的就是磊，她什么都明白了，泪水顺着她的脸颊流下来。他们走在了一起。

爱情无须太多计谋，只要你愿意为你爱的人全心付出，她最终会投进你的怀抱。即使两人没有走到一起，你也没有遗憾。在这个快餐式的社会里，一切都喜欢快节奏。像磊这样只知道付出而不讲回报的人，越来越少了。人们都害怕受伤害，喜欢计较得失，男男女女都在打着小算盘，“算计”着自己的伴侣。何必呢？这样双方都会受伤。

乘虚而入是个很好的爱情计谋，但只有你关注这个人，你才懂得什么时候是“虚”。其实，“乘虚而入”也可说是“乘需而入”。只要你全心地付出，时刻关注，总会有让你“乘虚而入”的机会的。虽有良好计谋，依然要全心付出才能赢得真爱。

第九章

生活准则

酸葡萄甜柠檬定律：只要你愿意，总有理由幸福

透视狐狸的酸葡萄心理：快乐是自找的

《伊索寓言》中有一个家喻户晓的故事：一只饥饿的狐狸路过果林时，发现了架子上垂着一串串簇生的葡萄，垂涎三尺，可怎么也摘不到。就在很失望时，狐狸突然笑道："那些葡萄没有长熟，还是酸的。"于是，它高高兴兴地走了。事实上，葡萄还是没吃到，狐狸仍是饿着肚子，但一句自我安慰，却让他走出了沮丧，变得快乐起来。

寓言中的狐狸通过自我安慰，没吃到想吃的葡萄也很开心，属于典型的酸葡萄心理。这种心理属于人类心理防卫功能的一种。当人们的需求无法得到满足时，便会产生挫折感。为了解除内心的不悦与不安，人们就会编造理由自我安慰，使自己从消极心理状态中解脱出来。

实际生活中，酸葡萄式的自我安慰比比皆是。例如，没有找到男女朋友的单身族常常会说："一个人最好，多自在啊。"没考上名牌

大学的人常常会说："读名牌有什么好，竞争那么激烈，早晚会累到变态。"有些人考试刚刚及格，而同桌却得了优，于是就说："一看就是抄袭，投机取巧，没什么了不起。"

与"酸葡萄"心理相对应的，还有一种"甜柠檬"心理，它指人们对得到的东西，尽管不喜欢或不满意，也坚持认为是好的。就好像一个人拿着青青的、没熟的柠檬，明知柠檬熟透了才甜，但因为手上只有没熟的，就偏说这个柠檬味道很好，特别甜。

现实中，人们的"甜柠檬"心理同样普遍。例如，你买了一双鞋子，回来后觉得价钱太贵，颜色也不如意，但你和别人说起时，你可能会强调这是今年最流行的款式，材质是高档皮料，即使价格贵点也值得。虽然你知道男朋友有不少缺点，但在外人面前，你往往喜欢夸奖他的优点。

关于"酸葡萄甜柠檬定律"，心理学上有一个有趣的实验对此进行了间接的证明。

心理学家招募了一定数量的学生从事两项枯燥乏味的工作。一件是转动计分板上的 48 个木钉，每根钉子顺时针转 1/4 圈，再逆时针转回，反反复复进行半个小时。另一件是把一大把汤匙装进一个盘子，再一把把地拿出来，然后再放进去，来来回回半个小时。

学生们完成工作后，分别得到 1 美元或 20 美元的奖励。同时，心理学家要求他们告诉下一个来做实验的人这个工作十分有趣。

结果发现，与一般的预期相反，得到 1 美元奖励的人反而认为工作比较有趣。这在一定程度上证明，人们对已经发生的不满意或不好的事情，倾向于通过自我安慰，把事情造成的消极影响减轻。

通过这个定律，我们可以发现，对于同一件事，如果从不同的角度去看，结论就不尽相同，心情也会不一样。当你失恋时，与其沉浸在痛苦烦恼中，不如想一想，下一次遇到的人会比错过的这个好很多；当你遇到挫折时，可以想想“失败乃成功之母”，从失败中吸取教训也是收获；当遇到丢东西等倒霉事时，不妨想想“塞翁失马，焉知非福”……要知道，现实中所有事情都存在积极性和消极性，如果只看到消极的一面，只会令自己陷入低落、郁闷之中；如果换个角度，从积极的一面去看，一切就会豁然开朗。

幸福，要保持适度的阿 Q 精神

对于酸葡萄甜柠檬现象，很容易联想到鲁迅先生笔下的阿 Q。阿 Q 有一种独特的精神胜利法，即“阿 Q 精神”。阿 Q 挨了假洋鬼子地揍，无奈之余，就说“儿子打老子，不必计较”，就心平气和了。

阿 Q 的自欺欺人心理，过去一直成为人们的笑谈，甚至遭到否定、批判。然而，不少心理学家认为，适度的精神胜利法在心理健康方面是非常有价值的。如果懂得合理运用阿 Q 精神，往往会让自己增加不少幸福感。

生活中，个人都会遇到不愉快的事，而且很多事情是无法左右或改变的。既然如此，我们应该怎么办呢？难道就要为此痛苦、哀伤吗？这时候，不妨使用阿 Q 精神，安慰一下自己，对于心理调节非常有效。

有一次，美国前总统罗斯福家中被盗，他的朋友写信安慰他。他在回信中说：“谢谢你来信安慰我，我现在很平安。感谢上帝，因为贼偷去的是我的东西，而没有伤害我的生命；贼只偷去我部分东西，而不是全部；最值得庆幸的是做贼的是他，而不是我。”

像罗斯福那样，遭遇不幸时，若换一个角度去看，心情就不一样了。有人说过："我因为没有一双像样的鞋穿而苦恼不堪，直到我在街上看到一个人——他没有双脚。""没鞋"的时候，如果想到"没有脚"的人，痛苦和烦恼就显得微不足道了。

不过，无论酸葡萄还是甜柠檬，在某种程度上讲都是一种消极的心理防御方式，就像一服止痛药，虽能暂时缓解痛苦，但往往会有副作用。那么，如何才能把握好自我安慰的度，做到无副作用地自我安慰呢?

一方面，当遇到挫折或不幸而万分苦恼时，应当冷静分析问题的起因，不要陷入"自我"的状态，试着从"旁观者"的角度，客观地寻求解决问题的方法，正所谓"旁观者清"。

另一方面，如果与他人发生冲突或分歧没法解决，千万不要放弃，不要为自己贴上"不行"的标签。可以采取"位置调换法"，即从对方的角度出发来考虑问题，经过协商、权衡，最终与对方和解。

可见，聪明的幸福者既要会运用阿 Q 精神，又要懂得适度运用。

因果定律：种下“幸福”，收获“幸福”

活在当下，让今天成为明天的幸福理由

哲学家培根说过：“懂得事物因果的人是幸福的。”正如同“物有本末，事有终始”“种瓜得瓜，种豆得豆”的道理一样，如果想收获幸福，先要种下幸福的种子。

如果你觉得生活沉闷，就应检查一下自己付出了多少。从来没听人说：“我天天早睡早起，经常做运动，不断充实自己，培养人际关系，并且尽心尽力地工作，然而生活中却没有一件好事。”生活是一个因果循环系统，如果生活中一点好事都没有，那就是你的错了。只要你了解现状是自己一手造成的，你就不再会觉得自己是受害者。

也许你会反驳说：“生活中，有的人过着平淡的日子，同样感觉很幸福；而有的人成绩斐然，却觉得幸福离自己很遥远。明显不符合因果定律。”其实，之所以出现这样看上去似乎因果相悖的现象，是因为幸福感是一种非常主观的情感体验。

美国心理学家、宾夕法尼亚大学教授马丁·瑟里格曼表示，幸

福 = 快乐 + 意图 + 参与。幸福并不是空等来的，不是被动地期盼来的，而是需要你具有快乐的能力，获取幸福的意图，并能积极地参与。如果你觉得自己现在还不够幸福，就该清醒地审视自己。一味地抱怨或叹息过去根本毫无意义，与其低落、萎靡，不如珍惜当下，积极生活，让“今天”成为“明天”的幸福理由。

小莉是某外企的主管，从大学毕业到晋升为主管仅仅用了两年时间。无论是工作时间，还是下班回家，她的脸上总洋溢着甜甜的微笑。有人问小莉：“你怎么每天都是积极向上的样子？感觉你天天都非常幸福。”小莉笑着答道：“因为我每天都告诉自己‘我是积极的，我是快乐的’。”

我们不妨像小莉那样，通过自我暗示的方法，告诉自己“我是积极的，我是快乐的”，从意识上就让自己的每一天都过得积极。

无论生活是平淡，是忙碌，或是没有理想中的好，都要给自己找一个幸福的理由。例如，昨晚做了一个好梦，今天是个阳光灿烂的好天气，刚刚做了一个漂亮的新发型，工作上感觉到一些进步，朋友的一个问候……这些小小的幸福连缀在一起，就像一条幸福的珠链，将令你的日常生活滋润、充实而美好，也会让你的思想变得积极。

善待他人就是善待自己

从因果定律出发，善待自己会得到幸福，善待他人也会得到幸福。对他人友善，就是种下幸福的种子。待到种子开花结果，自己也就收获了幸福。

有一天，一个贫穷的小男孩为了攒够学费正挨家挨户地推销商品。劳累了一整天的他感到十分饥饿，但摸遍全身，却只有 1 毛钱。

他决定向下一户人家讨口饭吃。当一位美丽的女孩打开房门时，这个小男孩却有点不知所措了，他没有要饭，只乞求给他一口水喝。这位女孩看到他饥饿的样子，就拿了一大杯牛奶给他。男孩慢慢地喝完牛奶，问道："我应该付多少钱？"女孩回答道："1 分钱也不用付。妈妈教导我们，施以爱心，不图回报。"男孩说："那么，就请接受我由衷的感谢吧！"说完，男孩离开了这户人家。此时，他不仅感到自己浑身是劲儿，而且还看到上帝正朝他点头微笑。

其实，男孩本来是打算退学的，但喝完小女孩给他的那满满一杯牛奶后，他放弃了这个念头。

数年之后，那位美丽的女孩得了一种罕见的重病，当地的医生对此束手无策。最后，她被转到大城市医治，由专家会诊治疗。当年的那个小男孩如今已是大名鼎鼎的霍华德·凯利医生了，他也参与医治方案的制定。当看到病历上所写的病人的来历时，一个奇怪的念头霎时闪过他的脑际，他马上起身直奔病房。

来到病房，凯利医生一眼就认出床上躺着的病人就是那位曾帮助过他的恩人。他回到办公室，决心一定要治好恩人的病。从那天起，他特别关照这个病人。经过艰辛努力，手术成功了。凯利医生要求把医药费通知单送到他那里，在通知单上签了字。

当医药费通知单送到这位特殊的病人手中时，她不敢看，因为她确信，治病的费用将会花去她的全部家当。最后，她还是鼓起勇气，翻开了医药费通知单，旁边的那行小字引起她的注意，她不禁轻声读了出来："医药费——一满杯牛奶。霍华德·凯利医生。"

恐怕连女孩都不敢相信，就是当年一杯满满的牛奶，在数年后挽救了自己的生命。现实生活中，很多人活一辈子都不知道，自己帮助别人，其实就等于帮助自己。一个人在帮助别人时，无形之中就已投资了感情，别人对于你的帮助会永记在心，只要一有机会，他们会主动报答。

所以，任何真诚而博大的爱都会在现实中得到回报。善待别人，就等于善待自己。

史华兹论断："幸"与"不幸"，全在于你

从"塞翁失马"到"不幸中的万幸"

两只小鸟在天空中飞行，其中一只不小心折断了翅膀。无奈，它只好就地栖息疗伤，另一只小鸟独自前行。独自飞行的那只小鸟觉得伙伴受了伤，太不幸了。可谁料，本以为很幸运的自己，没飞多远就惨死在猎人的枪口下。

世事往往就是这样，幸福总喜欢披着一件不幸的外套走进我们的生活。

古时候，一位老人养了许多马。一天，他的马群中有一匹马走失了。邻居们听说后，便来安慰老人。可老人却笑道："丢了一匹马损失不大，没准会带来福气呢。"大家觉得老人的话很好笑，马丢了明明是坏事，却说也许是好事。

几天后，老人丢失的马自动返回，还带回一匹匈奴的骏马。邻居听说了，对老人的预见非常佩服，前来道贺："还是您有远见，马不仅没有丢，还带回一匹好马，真是福气呀。"老人听了反而忧虑地说：

“白白得了一匹好马，不一定是福气，也许会惹出麻烦来。”大家觉得老人是故作姿态，白捡一匹马应该高兴，却偏要说反话。

有一天，老人的儿子从那匹匈奴骏马的马背上跌下来，摔断了腿。邻居听说后，又纷纷来慰问。老人说：“没什么，腿摔断了却保住了性命，或许是福气呢。”这次，大家都觉得他又在胡言乱语。

不久，匈奴兵大举入侵，青年人都应征入伍。老人的儿子因为摔断了腿，不能去当兵。入伍的青年都战死了，唯有老人的儿子保全了性命。

这个故事，就是“塞翁失马，焉知非福”。它告诉我们，好事与坏事不是绝对的，在一定的条件下，坏事可以引出好的结果，好事也会引出坏的结果。

很多时候，幸福也是一样，总是蕴藏在不幸的外表下面。从心理学角度讲，所有的“不幸事件”都只有在我们认为它不幸的情况下，才会真正成为不幸事件。

我们能不能获得幸福？现在是在不幸中挣扎，还是在幸福中陶醉？将来是步入幸福，还是陷入不幸？答案往往只有我们自己能回答。

能从不幸中看幸福，就会别有洞天

虽然世界是现实的，但看不见、摸不到的命运却一直藏匿在我们的思想里。我们若能懂得从不幸中看幸福，就会发现，原来结局别有洞天。

心理学家哈利·爱默生·佛斯迪克博士指出：“生动地把自己想象成失败者，这就足以使你不能取胜；生动地把自己想象成胜利者，将带来无法估量的成功。伟大的人生以想象中的图画——你希望成就什么事业、做一个什么样的人——作为开端。”很多伟大人物的成功，就是凭借这样一种智慧的心态取得的。

瑞典发明家奥莱夫出生在伐姆兰省的一个小乡村，父母都是贫苦的佃农。奥莱夫出生时，家里一贫如洗，最值钱的财产就是 1 支鸟枪和 3 只鹅。当时，一位身着华丽衣服的亲戚抱着自己的儿子，讥笑奥莱夫的父母说："你们那儿子生下来就注定是一个看鹅的穷鬼！"

奥莱夫的父母气愤地说："只需要 20 年时间，我们的奥莱夫肯定会成为富翁。到时候，他会雇你的儿子帕尔叮当马夫。"

从奥莱夫 6 岁起，父亲就让他读路德的《训言集》，教育他对人生目标进行定位，使每个小时都服务于这个目标。奥莱夫没有让父母失望，上中学后就懂得把时间分配得细致精密，使每年、每月、每天和每小时都有具体任务。在一篇作文里，奥莱夫自信地写下："奥莱夫将来一定是国家的栋梁！谁盗窃奥莱夫 1 分钟，谁就是盗窃瑞典的未来！"

20 岁的时候，奥莱夫果然创造了一项重大发明，并且很快成了瑞典数一数二的发明家和富翁。

奥莱夫的成功，深刻地告诉我们，遇到所谓的"不幸"并不是可怕的事情，关键是如何去看待它、对待它。

时间是永不停息的，世界是不断发展、变化的，没有什么"幸"与"不幸"是永恒不变的。我们只有学会从不幸中看到幸福，采取有效的措施扭转"不幸"的趋势，自信地找准一个方向，并耐心地、努力地坚持下去，幸福与成功便会水到渠成。

任何时代、任何事件都无所谓好坏，眼前的一切不过是时间轴上的一个点。学会放眼前方，用心去寻找、去捕捉那蕴于不幸中的幸福，我们最终会发现，在这个无限延伸、充满变数的轴线上，自己真的得到了幸福。

罗伯特定理：走出消极旋涡，不要被自己打败

世上没有过不去的坎

这个世界上没有人能把你打倒，除了你自己；这个世界上没有什么困难能难得倒你，除非你自己放弃。人生道路漫漫，坎坷重重，遇到挫折摔一跤，是在所难免的，只是当我们面对挫折时，应当无所畏惧，愈挫愈勇。小时候妈妈常说："跌倒了，自己爬起来！"

无论遇到什么境况，都不应该放弃自己，对自己失去信心。

一天傍晚，一位美丽的少妇坐在岸边的一棵大树旁梳洗着头发，一位老渔夫在湖边泛舟打鱼。这是多么美丽的一幅风景画。可是，当渔夫撑船准备划向湖心时，突然听到身后传来"扑通"一声。老渔夫回头一看，原来是那位美丽的妇人投河自尽了。老渔夫急忙跳进水里，救起了少妇。渔夫问少妇："你年纪轻轻的，为什么寻短见呢？"少妇哭诉道："我结婚才两年，丈夫就遗弃了我，接着孩子又病死了。您说我活着还有什么意思？""两年前你是怎么生活的？"渔夫问。少

妇想了想，眼睛一下变亮了："那时我自由自在，无忧无虑，生活得无比幸福……""那时你有丈夫和孩子吗?""当然没有。""可是现在，你同样是没有丈夫和孩子呀！你只不过是又回到了两年前的状态，现在你又自由自在、无忧无虑了。记住，孩子，那些结束对你来讲应该是一个新的起点。"少妇猛然醒悟，心中又燃起新的生活希望。

这位少妇的人生遭遇的确很不幸，但真正让她走上绝路的不是这些不幸，而是她自己，是她放弃了自己。人生会遭遇什么，我们无法控制，能控制的就是我们的心态，就是如何来看待这些遭遇。"宠辱不惊"是一种境界，"永不放弃"是一种态度。对待宝贵的生命，我们应该永不放弃；对待人生的遭遇，我们应该宠辱不惊。

人生在世，不可能一切都是一帆风顺的。当你遭遇失败时，当一切似乎都暗淡无光时，当你的问题看起来似乎不会有好的解决办法时，千万不要放弃希望。只要心存信念，勇敢地站起来，你就会看到奇迹发生。

别让悲观遮挡了生命的阳光

有一个对生活极度厌倦的绝望少女，打算投湖自杀。在湖边，她遇到一位老画家专心致志地画着一幅画。少女厌恶极了，她看了老画家一眼，心想：那鬼一样狰狞的山有什么好画的？那坟场一样荒废的湖有什么好画的?

老画家注意到了少女的存在和情绪，他依然专心致志、神情怡然地画着。过了一会儿，他说："姑娘，来看看画吧。"她走过去，傲慢地睨视着老画家和他手里的画。少女被吸引了，竟然将自杀的事忘得一干二净，她没料到世界上还有那样美丽的画面——他将"坟场一样”的湖面画成了天上的宫殿，将“鬼一样狰狞”的山画成了美丽的、长着翅膀的女人，最后将这幅画命名为《生活》。这时，老画家挥笔在这幅美丽的画上点了一些黑点，似污泥，又像蚊蝇。少女惊喜地说：“星辰和花瓣！”老画家满意地笑了：“是啊，美丽的生活是需要我们用心发现的呀！”

一个阳光的人，心情乐观开朗，他的人生态度是积极的，不管在工作中还是在生活上，都能很好地完成任务，他的自我价值的实现就相对较多。自我价值实现得越多，自我肯定的成就感就越多，这样就能拥有好的心情，形成良性循环。相反，一个心情阴暗的人整天愁眉苦脸地面对生活，不管做什么事情都不积极，甚至错误百出，他的自我价值的实现就会越来越少，自我否定的因素就会增加，使心情更加消极抑郁，成了恶性循环。

世界的色彩是随着我们情绪的变化而变化的，你拥有什么样的心情，世界就会向你呈现什么样的颜色。所以，别让悲观挡住了生命的阳光。当你的心情快乐起来时，你的世界将会是朗朗晴空。

幸福递减定律：知足才能常乐

莫让内心失去对幸福的敏感

一个饥肠辘辘的人遇到一位智者，智者给了他一个面包。他边吃边慨叹："这真是世界上最香甜的面包!"吃完，智者给了他第二个面包，他开心地继续吃着，脸上洋溢着幸福的满足感。吃完，智者又给了他第三个面包，他接过面包，一副饱胀的样子。吃完，智者又给了他第四个面包。不料，他痛苦地吃着面包，最初的快乐荡然无存。

也许你会不解，为何饥饿者得到的面包总数不断增加，而幸福感与快乐却随之减少。这就是著名的幸福递减定律。

与上面的例子相似，我们在生活中，常遇到这样的情况：人在很穷的时候，总觉得有钱才是幸福；但真成了富翁的时候，再被问及什么是幸福，他往往会说平淡才是幸福。

事实上，幸福之所以打了折扣，并不是幸福真的减少了，而是由于我们内心起了变化。正如幸福递减定律所阐释的，人处于较差的状态下，一点微不足道的提高都可能兴奋不已；而当所处的环境渐渐变得优越时，人的要求、观念、欲望就会变得越高。当你感觉不到幸福时，幸福依然在你的周围，只是内心失去了对它的敏感。

一个国王带领军队去打仗，结果全军覆没。他为了躲避追兵而与人走散，在山沟里藏了两天两夜，粒米未食、滴水未进。后来，他遇到一位砍柴的老人，老人送给他一个用玉米和干白菜做的菜团子。饥寒交迫的他狼吞虎咽地把菜团子吃光了，觉得这是全天下最好吃的东西。他问老人如此美味的食物叫什么，老人说叫“饥饿”。

后来，国王回到王宫，下令膳食房按他的描述做“饥饿”，可怎么做也没有原来的味道。为此，他派人千方百计找来了那个会做“饥饿”的老人。谁料，当老人给他带来一篮子“饥饿”时，他却怎么也找不到当初的那种美味的口感了。

不难看出，国王回宫后，尽管菜团子还是当时的“饥饿”，但因为顿顿都是山珍海味，饱食终日令其再也没有饥肠辘辘的感觉，那种“饥饿”的美味自然就不复存在了。

可见，幸福不过是人们的一种感觉。但这种感觉又是灵活多变的，同一个人对同一种事物，在不同的时间、不同的地点、不同的环境，会有完全不同的感觉。

再用前面那个饥饿者与面包的例子来说。一开始他非常饥饿，第一个面包送到嘴里，便感到无比香甜、无比幸福；吃第二个面包时，幸福的感觉便明显消减；等吃第三个和第四个面包时，反而有了肚子发撑、吃不吃都无所谓的感觉，当然就谈不上幸福感了。

这种幸福的递减告诉我们，幸福随着追求而来，随着希望而来，随着需要而来，但随着这些条件的变化，它又像过客一样，不会永远停留在某时、某处。既然如此，那不断追求和企盼幸福的我们又该怎么办呢？

我们应学会用心去体会生活，去感受点滴的幸福。生活本身就是一种礼物，如果你想抱怨食物不够美味，请想想那些食不果腹的人，跟他们比，难道你不幸福吗？如果你想抱怨工作不顺、乏味，请想想那些仍未找到工作而四处奔波的求职者，跟他们比，难道你不幸福吗？如果你想抱怨爱情不够浪漫，请想想那些还在为结束单身生活而向上帝祷告的人，跟他们比，难道你不幸福吗？如果你想抱怨自己的孩子不够聪明，请想想那些渴求骨肉却不能生育的人们，跟他们比，难道你不幸福吗？

请时刻提醒自己，幸福就在身边，要懂得用心去感受，不要让内心麻痹，失去对幸福的敏感。

知足与感恩，飞往幸福的一对翅膀

中国有句俗话，叫“知足常乐”。生活中或许很少有人能真正达到知足者常乐的意境。因为人都是有贪欲的，想要的东西越得不到就越想得到，经过努力得到才会觉得很高兴，但得到多了又会变成负担。

世界上根本没有十全十美的人和事，但知足可以让我们活得更加轻松。

一对青年男女步入婚姻的殿堂，甜蜜的爱情高潮过去之后，他们开始面对日益艰难的生计。妻子整天为缺钱忧郁不乐，因为有了钱才能买房子，买家具家电，才能吃好的、穿好的……可是，他们的钱太少了，少得只够维持最基本的日常开支。丈夫却是个很乐观的人，不断寻找机会开导妻子。

有一天，他们去医院看望朋友。朋友说，他的病是累出来的，常常为了挣钱不吃饭、不睡觉。回到家里，丈夫就问妻子："假如给你钱，但让你跟他一样躺在医院里，你要不要？"妻子想了想，说："不要。"

过了几天，他们去郊外散步。路边有一幢漂亮的别墅。从别墅里走出来一位白发苍苍的老者。丈夫又问妻子："假如现在就让你住上这样的别墅，但变得跟他一样老，你愿意不愿意？"妻子不假思索地回答："我才不愿意呢！"

他们所在的城市破获了一起重大团伙抢劫案，这个团伙的主犯抢劫现钞超过100万元，被法院判处死刑。

罪犯押赴刑场的那一天，丈夫对妻子说："假如给你100万元，让你马上去死，你干不干？"

妻子生气了："你胡说什么呀？给我一座金山我也不干！"

丈夫笑了："这就对了。你看，我们原来是这么富有，我们拥有生命，拥有青春和健康，这些财富已经超过100万元，我们还有靠劳动创造财富的双手，你还愁什么呢？"妻子把丈夫的话细细地咀嚼品味了一番，也变得快乐起来。

幸福其实很简单，只是一种身体和心理的快乐感受，是摆脱欲望羁绊后的无忧无虑。懂得知足，人才会变得豁达。所以，知足是无价之宝。从现在开始，学会知足吧，用内心感受身边的幸福。